孝經

【唐】李隆基 注
【宋】邢昺 疏
金良年 校点

國學典藏

上海古籍出版社

图书在版编目(CIP)数据

孝经 / (唐)李隆基注；(宋)邢昺疏；金良年校点.
—上海：上海古籍出版社，2014.12(2023.7 重印)
(国学典藏)
ISBN 978-7-5325-7474-2

Ⅰ.①孝… Ⅱ.①李… ②邢… ③金… Ⅲ.①家庭道德—中国—古代②《孝经》—注释 Ⅳ.①B823.1

中国版本图书馆 CIP 数据核字(2014)第 260640 号

国学典藏
孝 经
[唐]李隆基 注
[宋]邢 昺 疏
金良年 校点
上海世纪出版股份有限公司
上 海 古 籍 出 版 社 出版
(上海市闵行区号景路 159 弄 1-5 号 A 座 5F 邮政编码 201101)
(1)网址：www.guji.com.cn
(2)E-mail：guji1@guji.com.cn
(3)易文网网址：www.ewen.co
上海世纪出版股份有限公司发行中心发行经销
江阴市机关印刷服务有限公司印刷
开本 890×1240 1/32 印张 4.125 插页5 字数110,000
2014 年 12 月第 1 版 2023 年 7 月第 8 次印刷
印数：12,651—14,750
ISBN 978-7-5325-7474-2
B·889 定价：20.00 元

前　言

金良年

《孝经》是阐述儒家孝道的经典。一般认为，它是孔子再传以后的儒家学者所作，大约出现于战国时代，《吕氏春秋》已经引用其中的文句，则其产生当在《吕氏春秋》之前。

《孝经》是十三经中篇幅最短的一部经，全文仅一千多字，且文简义浅，其撰述的本意是普及儒家孝道，而针对的读者则是“下学”者，郑玄《六艺论》说：“孔子以六艺题目不同，指意殊别，恐道离散，后世莫知根源，故作《孝经》以总会之。”《孝经》按其性质来说，属于礼类的传记，曾有学者说过，如将《孝经》置于《礼记》中，亦并无不妥。因此，它的名称“孝经”，虽然类似《易经》、《诗经》、《书经》，却有所不同，“易”、“诗”、“书”名称中的“经”字，原来是没有的，出于后人所加，而“孝经”的“经”字是原来就有的，取义于孝乃“天之经也，地之义也，民之行也”，“举大者言，故曰孝经”（《汉书·艺文志》）。

秦始皇焚《诗》、《书》、百家语，《孝经》也在焚毁之列，不过也正因为其短而通俗，所以仍然比较完整地流传了下来。汉代初年，河间人颜贞献其父颜芝所藏《孝经》，分为十八章，为当世传诵，是为今文本。后来孔壁藏书中亦有《孝经》，称为古文本，与今文本不仅有文字上的不同（颜师古引桓谭《新论》说“古《孝经》千八百七十二字，今异者四百馀字”），且多出一节（《闺门章》），分章也与今文本不同，为二十二章。此后今、古文本各自流传，比较著名的注释本，今文本有王肃注、郑氏（相传为东汉经学大师郑玄）注，古文本有孔安国传。南北朝时，今文郑氏注流行，“安国之本亡于梁乱，陈及周、齐唯传郑氏。至隋，秘书监王劭于京师访得孔传，送至河间刘炫，炫因序其得丧，述其议疏，讲于人间，渐闻朝廷，后遂著令，与郑氏并立”（《隋书·经籍志》）。

到了唐代，随着政治上的统一，经学上的学派纷争也亟待定于一尊，先是有《五经正义》之纂。至玄宗时，以“《孝经》者德教所先”，“诸家所传互有得失，独据一说能无短长”，下令儒官“详定所长，令明经者习读”（《唐会要》卷七七）。国子祭酒司马贞主今文，而左庶子刘知幾主古文，争论的结果是郑氏注“依旧行用”，孔传则因“传习者稀，宜存继绝之典，颇加奖饰”（《册府元龟》卷六三九），但朝廷偏右今文的意向已经表露无疑。至开元十年（722），遂有玄宗的“御注”颁行天下。玄宗注以十八章的今文本为文本，虽号称“举六家之异同，会五经之旨趣”，但以郑氏注为主，“今文之立，自玄宗此注始”（《四库全书总目》卷三二）。至天宝二年（743），玄宗又重注《孝经》颁行（《唐会要》卷三六）。据现有的资料，重注本与初注本的差别并不很大，当时为什么要重新颁行一次，现在还不清楚。不过，初注本是由左散骑常侍元行冲作序，而重注本的序则由玄宗“御制”。天宝四载（745），由玄宗亲自书写的“御注”全文刻石于太学，世称“石台孝经”。玄宗注在融合今、古文的基础上，统一了《孝经》自魏晋以来郑、孔争长的局面，此后“御注”流行而郑、孔两家逐渐消亡，以至后来连完整的郑、孔注本都难以寻觅。

当玄宗初注《孝经》时，就命元行冲为注本作疏，据《旧唐书·经籍志》，元疏为三卷，后来注经重修，疏也应该随之修订。到了北宋初年国子监重校经籍，除沿袭唐人旧作配齐三《礼》、三《传》疏之外，还要求补充《孝经》、《论语》、《尔雅》三经之疏，“咸平三年三月癸巳，命祭酒邢昺代领其事……《孝经》取元行冲疏，《论语》取梁皇侃疏，《尔雅》取孙炎、高琏疏，约而修之。四年九月丁亥以献，赐宴国子监，进秩有差，十月九日命杭州刻板”（《玉海》卷四一）。也就是说，我们现在见到的邢昺《孝经正义》乃是“据元氏本增损”成书（《直斋书录解题》卷三），并非全部新修，所以卷首的署名是“邢昺等奉勅校定注疏”，而新疏的序中也讲明是“剪截元疏，旁引诸书，分义错经，会合归趣，一依讲说，次第解释”。《四库全书总目》谓：“宋咸平中邢昺所修之疏，即据行冲书为蓝本，然孰为旧文，孰为新说，今已不可辨别矣。”（卷三二）元疏为三卷，据其重修的邢疏也是三卷，而《孝经》的注疏合刻本则厘分为九卷。

读者现在所见到标点本《孝经》，基本依据本人2009年标校整理的《孝经注疏》（上海古籍出版社出版），所不同的：一是把繁体改为简体，并对标点和文字校改作了一些修正；二是对原来的校勘记作了精简，删去了一般性校改文字的校记，而选留了一些带有考辨性的校记，作为读者深入研读的参考，以适应这套“国学典藏”读本的需要。《孝经》的文笔浅显，吕思勉先生在《经子解题》中说：“此书无甚深义，一览可也。”又说：“孔门言孝之义，长于《孝经》者甚多。”所言甚是。这里仍然把邢昺的《正义》也留下，并非是因为他的《正义》写得好，相反，宋代邢昺等补做的几部经疏，水准远低于唐人《正义》，之所以这样做，是想为读者留下一个唐、宋时代经疏的样本。一般的经疏，篇幅较大，初读者不容易理解、掌握其体例和说经方式，而《孝经正义》的篇幅短，经义浅显，读者比较容易掌握这类文体的特点，以此为阶梯，再接触篇幅比较大、形式比较复杂的经疏，也许会有所帮助。

目　录

孝经序

御制序并注

【疏】

《孝经》者，孔子为曾参陈孝道也。汉初，长孙氏、博士江翁、少府后苍、谏大夫翼奉、安昌侯张禹传之，各自名家。经文皆同，唯孔氏壁中古文为异。至刘炫，遂以古《孝经·庶人章》分为二，《曾子敢问章》分为三，又多《闺门》一章，凡二十二章。桓谭《新论》云："古《孝经》千八百七十二字，今异者四百馀字。""孝"者事亲之名，"经"者常行之典。案《汉书·艺文志》云："夫孝，天之经，地之义，民之行也。举大者言，故曰'孝经'。"又案《礼记·祭统》云："孝者，畜也。"畜，养也。《释名》云："孝，好也。"《周书·谥法》："至顺曰孝。"总而言之，道常在心，尽其色养，中情悦好，承顺无怠之义也。《尔雅》曰："善父母为孝。"皇侃曰："经者，常也、法也。此经为教，任重道远，虽复时移代革，金石可消，而为孝事亲常行，存世不灭，是其常也，为百代规模，人生所资，是其法也。言孝之为教，使可常而法之。"《易》有《上经》、《下经》，《老子》有《道经》、《德经》。孝为百行之本，故名曰"孝经"。经之创制，孔子所撰也。前贤以为曾参虽有至孝之性，未达孝德之本，偶于閒居，因得侍坐，参起问于夫子，夫子随而答，参是以集录，因名为"孝经"。寻绎再三，将未为得也，何者？夫子刊缉前史而修《春秋》，犹云笔则笔，削则削，四科十哲莫敢措辞。案《钩命决》云："孔子曰：'吾志在《春秋》，行在《孝经》。'"斯则修《春秋》、撰《孝经》，孔子之志、行也，何为重其志而自笔削，轻其行而假他人者乎？案刘炫

《述义》，其略曰："炫谓孔子自作《孝经》，本非曾参请业而对也。士有百行，以孝为本，本立而后道行，道行而后业就，故曰'明王之以孝治天下也'，然则治世之要，孰能非乎？徒以教化之道因时立称，经典之目随事表名，至使威仪礼节之馀盛传当代，孝悌德行之本隐而不彰。夫子运偶陵迟，礼乐崩坏，名教将绝，特感圣心，因弟子有请问之道，师儒有教诲之义，故假曾子之言以为对扬之体，乃非曾子实有问也。若疑而始问，答以申辞，则曾子应每章一问，仲尼应每问一答。按经，夫子先自言之，非参请也；诸章以次演之，非待问也。且辞义血脉，文连旨环，而'开宗'题其端绪，馀章广而成之，非一问一答之势也；理有所极，方始发问，又非请业请答之事。首章言'先王有至德要道'，则下章云'此之谓要道也'，'非至德，其孰能顺民'，皆遥结首章，非答曾子也。[1]举此为例，凡有数科。必其主为曾子言，首章答曾子已了，何由不待曾子问，更自述而明之？且三起曾参侍坐与之言，二者是问也，一者叹之也。盖假言乘閒曾子坐也，与之论孝，开宗明义，上陈天子、下陈庶人，语尽无更端，于曾子未有请，故假参叹孝之大，又说以孝为理之功；说之以终，欲言其圣道莫大于孝，又假参问，乃说圣人之德不加于孝；在前论敬顺之道，未有规谏之事，殷勤在悦色，不可顿说犯颜，故须更借曾子言陈谏争之义。此皆孔子须参问，非参须问孔子也。庄周之斥鷃笑鹏、罔两问影，屈原之渔父鼓枻、大卜拂龟，马卿之乌有、无是，杨雄之翰林、子墨，宁非师祖制作以为楷模者乎？若依郑注，实居讲堂，则广延生徒，侍坐非一，夫子岂凌人侮众，独与参言邪？且云'汝知之乎'，何必直汝曾子而参先避席乎？必其徧告诸生无有对者，当参不让侪辈而独答乎？假使独与参言，言毕参自集录，岂宜称师字者乎？由斯言之，经教发抒，夫子所撰也。而《汉书·艺文志》云：'《孝经》者，孔子为曾子陈孝道也。'谓其为曾子特说此经，然则圣人之有述作，岂为一人而已？斯皆误本其文，致兹乖谬也。所以先儒注解，多所未行。唯郑玄之《六艺论》曰：'孔子以六艺题目不同，指意殊别，恐道离散，后世莫知根源，故作《孝经》以总会之。’其言虽则不然，其意颇近之矣。然入室之徒不一，独假曾子为言，以参偏得孝名也。《老子》曰：‘六亲不和有孝慈。’然则孝慈之名，因不和而有，若万行俱备，称为人圣，则凡圣无不孝也，而家有三恶，舜称大孝。龙逢、比干忠名独彰，君不明也；孝己、伯奇之名偏著，[2]母不慈也。曾子性虽至孝，盖有由而发矣。藜蒸不熟而出其妻，家法严也；耘瓜伤苗几殒其命，明父少恩也。曾子孝名之大，其或由兹，固非参性迟朴，躬行匹夫之孝也。”审考经言，详稽炫释，实藏理于古而独得之于今者与。元氏虽同炫说，恐未尽善，今以《艺文志》及郑氏所说为得。其作经年，先儒以为鲁哀公十四年西狩获麟而作《春秋》，至十六年夏四月己丑孔子卒为证，则作在鲁哀公十四年后、十六年前。案《钩命决》云：“孔子曰：‘吾志在《春秋》，行在《孝经》。’”据先后言之，明《孝经》之文同《春秋》作也。又《钩命决》云：“孔子曰：‘《春秋》属商，《孝经》属参。’”则《孝经》之作在《春秋》后也。

“御”者，按《大戴礼·盛德》篇云：“德法者，御民之本也。古之御政以治天下者，冢宰之官以成道，司徒之官以成德，宗伯之官以成仁，司马之官以成圣，司寇之官以成义，司空之官以成礼。故六官以为辔，司会均入以为軜，故曰御四马者执六辔，御天地与人与事者亦有六政。是故善御者正身同辔，均马力、齐马心，唯其所引而之，以取长道，远行可以之，急疾可以御。天地与人事，此四者圣人之所乘也。是故天子御者内史、太史，左右手也，六官亦六辔也。天子、三公合以执六官、均五政、齐五法，以御四者，故亦唯其所引而之。以之道则国治，以之德则国安，以之仁则国和，以之圣则国平，以之义则国成，以之礼则国定，此御政之体也。”然则“御”者治天下之名，若柔辔之御刚马也。《家语》亦有此文，是以秦汉以来，以“御”为至尊之称。又蔡邕《独断》曰：“‘御’者进也，凡衣服加于身、饮食入于口、妃妾接于寝皆曰‘御’。”至于器物制作，亦皆以“御”言之。故此云“御”也。

“制”者，裁剪述作之谓也。故《左传》曰：“子有美锦，不使人学制焉。”取此美名，故人之文章述作皆谓之“制”。以此序唐玄宗所撰，故云“御制”也。玄宗，唐第六帝也，讳隆基，睿宗之子，以延和元年即位，时年三十三。在位四十五年，年七十八登遐，谥曰明孝皇帝，庙号玄宗。开元十年制经序并注。

“序”者，按《诗·颂》云“继序思不忘”，毛传云：“序，绪也。”又《释诂》云：“叙，绪也。”是序与叙音义同。郭璞云：“又为端绪。”然则此言“序”者，举一经之端绪耳。

“并注”者，并，兼也；注，著也。解释经指，使义理著明也。言非但制序，兼亦作注，故云“并”也。案今俗所行《孝经》题曰“郑氏注”，近古皆谓康成，而晋、魏之朝无有此说。晋穆帝永和十一年及孝武太元元年再聚群臣，共论经义，有荀昶者撰集《孝经》诸说，始以郑氏为宗。晋末以来多有异论，陆澄以为非玄所注，请不藏于秘省，王俭不依其请，遂得见传。至魏、齐则立学官，著在律令。盖由虏俗无识，故致斯讹舛。然则经非郑玄所注，其验有十二焉。据郑自序云“遭党锢之事逃难，至党锢事解，注古文《尚书》、《毛诗》、《论语》，为袁谭所逼，来至元城，乃注《周易》”，都无注《孝经》之文，其验一也。郑君卒后，其弟子追论师所注述及应对时人，谓之《郑志》，其言郑所注者唯有《毛诗》、三《礼》、《尚书》、《周易》，都不言注《孝经》，其验二也。又《郑志》目录记郑之所注，五经之外有《中候》、《大传》、《七政论》、《乾象历》、《六艺论》、《毛诗谱》、《答临硕难礼》、《驳许慎异义》、《释废疾》、《发墨守》、《箴膏肓》、《答甄子然》等书，寸纸片言，莫不悉载，若有《孝经》之注，无容匿而不言，其验三也。郑之弟子分授门徒，各述所言，更为问答，编录其语，谓之《郑记》，唯载《诗》、《书》、《礼》、《易》、《论语》，其言不及《孝经》，其验四也。赵商作郑玄碑铭，具载诸所注笺驳论，亦不言注《孝经》。晋《中经簿》“《周易》、《尚书》、《中候》、《尚书大传》、《毛诗》、《周礼》、《仪礼》、《礼记》、《论语》”凡九书，皆云“郑氏注，名玄”，至于《孝经》则称“郑氏解”，无“名玄”二字，其验五也。《春秋纬·演孔图》注云：“康成注三《礼》、《诗》、《易》、《尚书》、《论语》，其《春秋》、《孝经》则有评论。”宋均《诗谱序》云“我先师北海郑司农”，则均是玄之传业弟子，师有注述，无容不知，而云《春秋》、《孝经》唯有评论，非玄所注特明，其验六也。又宋均《孝经纬》注引郑《六艺论》叙《孝经》云“玄又为之注，司农论如是，而均无闻焉。有义无辞，令予昏惑”，举郑之语而云“无闻”，其验七也。宋均《春秋纬》注云“为《春秋》、《孝经》略说”，则非注之谓，所言“又为之注”者，泛辞耳，非事实。其叙《春秋》亦云“玄又为之注”，宁可复责以实注《春秋》乎？其验八也。后汉史书存于代者，有谢承、薛莹、司马彪、袁山松等，其所注皆无《孝经》，唯范晔书有《孝经》，其验九也。王肃《孝经传》首有司马宣王奉诏令诸儒注述《孝经》，以肃说为长。若先有郑注，亦应言及，而不言郑，其验十也。王肃注书，好发郑短，凡有小失，皆在《圣证》，若《孝经》此注亦出郑氏，被肃攻击最应烦多，而肃无言，其验十一也。魏、晋朝贤辩论时事，郑氏诸注无不撮引，未有一言《孝经注》者，其验十二也。以此证验，易为讨核，而代之学者不觉其非，乘彼谬说，竞相推举，诸解不立学官，此注独行于世。观言语鄙陋，义理乖谬，固不可示彼后来，传诸不朽。至古文《孝经》孔传本出孔氏壁中，语甚详正，无俟商榷，而旷代亡逸，不被流行。隋开皇十四年，秘书学士王孝逸于京市陈人处买得一本，送与著作郎王劭，[3]以示河间刘炫，仍令校定。而此书更无兼本，难可依凭，炫辄以所见率意刊改，因著《古文孝经稽疑》一篇。故开元七年勅议之际，刘子玄等议以为，孔、郑二家云泥致隔，今纶旨焕发，校其短长，必谓行孔废郑，于义为允。国子博士司马贞议曰：“今文《孝经》是汉河间王所得颜芝本，至刘向以此参校古文，省除繁惑，定此一十八章。其注相承云是郑玄所作，而《郑志》及目录等不载，故往贤共疑焉。唯荀昶、范晔以为郑注，故昶集解《孝经》具载此注为优。且其注纵非郑玄，而义旨敷畅，将为得所，虽数处小有非稳，实亦未爽经旨。其古文二十二章元出孔壁。先是安国作传，缘遭巫蛊，未之行也。昶集注之时尚有孔传，中朝遂亡其本。近儒欲崇古学，妄作传学，假称孔氏，辄穿凿改更，又伪作《闺门》一章。刘炫诡随，妄称其善。且闺门之义，近俗之语，必非宣尼正说。案其文云'闺门之内具礼矣乎，严亲严兄，妻子臣妾繇百姓徒役也'，是比妻子于徒役，文句凡鄙，不合经典。又分《庶人章》从'故自天子'已下别为一章，仍加'子曰'二字。然'故'者连上之辞，既是章首，不合言'故'，是古文既没，后人妄开此等数章，以应二十二之数。非但经文不真，抑亦传文浅伪。又注'用天之道，分地之利'，其略曰：'脱衣就功，[4]暴其肌体，朝暮从事，露发涂足，[5]少而习之，其心安焉。'此语虽旁出诸子，而引之为注，何言之鄙俚乎？与郑氏所云'分别五土，视其高下，高田宜黍稷，下田宜稻麦'，优劣悬殊，曾何等级。今议者欲取近儒诡说而废郑注，理实未可，请准令式，《孝经》郑注与孔传依旧俱行。"诏郑注仍旧行用，孔传亦存。是时苏、宋文吏拘于流俗，不能发明古义，奏议排子玄，令诸儒对定，司马贞与学生郗常等十人尽非子玄，[6]卒从诸儒之说。至十年上自注《孝经》，颁于天下，卒以十八章为定。

朕闻上古，其风朴略，虽因心之孝已萌，而资敬之礼犹简。及乎仁义既有，亲誉益著，圣人知孝之可以教人也，故"因严以教敬，因亲以教爱"，于是以顺移忠之道昭矣，立身扬名之义彰矣。子曰："吾志在《春秋》，行在《孝经》。"是知孝者德之本欤。

【疏】

“朕闻上古”至“德之本欤” 自此以下至于序末，凡有五段明义，当段自解其指，于此不复繁文。今此初段，序孝之所起及可以教人而为德本也。

“朕闻上古其风朴略” “朕”者，我也。古者尊卑皆称之，故帝舜命禹曰“朕志先定”，禹曰“朕德罔克”，皋陶曰“朕言惠可底行”，又屈原亦云“朕皇考曰伯庸”，是由古人质，故君臣共称，至秦始皇二十六年，始定为天子之称。“闻”者，目之不睹、耳之所传曰闻。“上古”者，经典所说不同，案《礼运》郑玄注云“中古未有釜甑”，则谓神农为中古；若《易》历三古，则伏羲为上古、文王为中古、孔子为下古；若三王对五帝，则五帝亦为上古，故《士冠》记云“大古冠布”，下云“三王共皮弁”，则大古五帝时也，大古亦上古也。以其文各有所对，故上古、中古不同也。此云“上古”者，亦谓五帝以上也。知者，以下云“及乎仁义既有”，以《礼运》及《老子》言之，仁义之盛在三王之世，则此“上古”自然当五帝以上也。云“其风朴略”者，风，教也；朴，质也；略，疏也。言上古之君贵尚道德，其于教化则质朴疏略也。

“虽因”至“犹简” 因犹亲也，资犹取也。言上古之人有自然亲爱父母之心，如此之孝虽已萌兆，而取其恭敬之礼节犹尚简少也。《周礼》大司徒教六行，云“孝、友、睦、姻、任、恤”，注云“因，亲于外亲”，是因得为亲也。《诗·大雅·皇矣》云“维此王季，因心则友”，《士章》云“资于事父以事君而敬同”，此其所出之文也，故引以为序耳。

《及乎》至《益著》 “及乎”者，语之发端，连上逮下之辞也。仁者兼爱之名，义者裁非之谓。“仁义既有”谓三王时也。案《曲礼》云“大上贵德”，郑注云：“大上帝皇之世。”又《礼运》云“大道之行也”，郑注云：“‘大道’谓五帝时。”《老子·德经》云：“失道而后德，失德而后仁，失仁而后义。”是道德当三皇五帝时，则仁义当三王之时可知也。慈爱之心曰亲，声美之称曰誉。谓三王之世，“天下为家，各亲其亲，各子其子”，亲誉之道日益著见，故曰“亲誉益著”也。

“圣人”至“教人也”　“圣人”谓以孝治天下之明王也。孝为百行之本、至道之极，故经文云“圣人之德又何以加于孝乎”。

“故因”至“教爱”　引下经文以证义也。

“于是”至“彰矣”　经云“君子之事亲孝，故忠可移于君”，又曰“立身行道，扬名于后世”，言人事兄能悌，以之事长则为顺；事亲能孝，移之事君则为忠。然后立身扬名，传于后世也。昭、彰皆明也。

“子曰”至“孝经”　此《钩命决》文也。言褒贬诸侯善恶志在于《春秋》，人伦尊卑之行在于《孝经》也。

“是知孝者德之本欤”　《论语》云：“孝弟也者，其为仁之本欤。”今言“孝者德之本欤”，欤者，叹美之辞。举其大者而言，故但云孝；德则行之总名，故变“仁”言“德”也。

经曰：“昔者明王之以孝理天下也，不敢遗小国之臣，而况于公、侯、伯、子、男乎？”朕尝三复斯言，景行先哲。虽无德教加于百姓，庶几广爱形于四海。

【疏】

“经曰”至“形于四海”　此第二段，序已仰慕先世明王，欲以博爱广敬之道被四海也。

“经曰”至“男乎”　此《孝治章》文也，故言“经曰”。言小国之臣尚不敢遗弃，何况于五等列爵之君乎？公、侯、伯、子、男，五等之爵也。《白虎通》曰：“公者通也，公正无私之意也，《春秋传》曰：‘王者之后称公。’侯者候也，候顺逆也。伯者长也，为一国之长也。子者字也，常行字爱于人也。男者任也，常任王事也。”《王制》云：“公、侯地方百里，伯七十里，子、男五十里。”至于周公时增地益广，加赐诸侯之地，公五百里，侯四百里，伯三百里，子二百里，男一百里。公为上等，侯、伯为中等，子、男为下等。言“小国之臣”，谓子、男之臣也。

“朕尝”至“先哲” 复犹覆也。斯，此也。景，明也。哲，智也。言每读经至此科，三度反覆重读，庶几法则此有明行者，先世圣智之明王也。《论语》云“南容三复白圭”，《诗》云“高山仰止，景行行止”，是其类也。

“虽无德教加于百姓” 上逊辞也。

“庶几广爱形于四海” 此上意思行教也。庶几犹幸望。既谦言无德教加于百姓，唯幸望以广敬博爱之道著见于四夷也。案经作“刑”，刑，法也；今此作“形”，则形犹见也。义得两通，无繁改字。“四海”即四夷也，又经别释。

嗟乎！夫子没而微言绝，异端起而大义乖。况泯绝于秦，得之者皆煨烬之末；滥觞于汉，传之者皆糟粕之馀。故鲁史《春秋》，学开五传；《国风》、《雅》、《颂》，分为四《诗》。去圣逾远，源流益别。近观《孝经》旧注，踳驳尤甚。至于迹相祖述，殆且百家；业擅专门，犹将十室。希升堂者必自开户牖，攀逸驾者必骋殊轨辙，是以道隐小成，言隐浮伪。且传以通经为义，义以必当为主，至当归一，精义无二，安得不翦其繁芜，而撮其枢要也？

【疏】

“嗟乎”至“枢要也” 此第三段，叹夫子没后，遭世陵迟，典籍散亡，传注踳驳，所以撮其枢要而自作注也。

“嗟乎”至“大义乖” 嗟乎，上叹辞也。夫子，孔子也，以尝为鲁大夫，故云“夫子”。案《史记》云：孔子生鲁国昌平陬邑，鲁襄公二十二年生，年七十三，以鲁哀公十六年四月己丑卒，葬鲁城北泗上。“而微言绝”者，《艺文志》文，李奇曰：“隐微不显之言也。”颜师古曰：“精微要妙之言耳。”言夫子没后妙言咸绝，七十子既丧而异端并起，大义悉乖。

“况泯”至“之末” 泯，灭也。“秦”者，陇西谷名也，在雍州鸟鼠山之东北。昔皋陶之子伯翳，佐禹治水有功，舜命作虞，赐姓曰嬴，其末孙非子为周孝王养马于汧渭之间，封为附庸，邑于秦谷。及非子之曾孙秦仲，周宣王又命为大夫。仲之孙襄公讨西戎救周，周室东迁，以岐、丰之地赐之，始列为诸侯，春秋时称秦伯。至孝公子惠文君立，是为惠王。及庄襄王为秦质子于赵，见吕不韦姬，说而取之，生始皇。以秦昭王四十八年正月生于邯郸，及生，名为政，姓赵氏。年十三，庄襄王死，政代立为秦王。至二十六年，平定天下，号曰始皇帝。三十四年置酒咸阳宫，博士齐人淳于越进曰：“臣闻殷、周之王千馀岁，封子弟、立功臣，自为枝辅。今陛下有海内而子弟为匹夫，卒有田常、六卿之臣，无辅拂何以相救哉？”丞相李斯曰：“五帝不相复，三代不相袭。非其相反，时变异也。今陛下创大业，建万世之功，固非愚儒之所知。臣请史官非《秦记》皆烧之，非博士官所职，天下敢有藏《诗》、《书》、百家语者，悉诣守尉杂烧之。”制曰：“可。”三十五年，以为诸生诽谤，乃自除犯禁者四百六十馀人，皆坑之咸阳。是经籍之道灭绝于秦。《说文》云“煨，盆火也”，“烬，火馀也”。言遭秦焚坑之后，典籍灭亡，虽仅有存者，皆火馀之微末耳，若伏胜《尚书》、颜贞《孝经》之类是也。

“滥觞”至“之馀” 案《家语》孔子谓子路曰“夫江始于岷山，其源可以滥觞，及其至江津也，不舫舟，不避风，则不可以涉”，王肃曰：“觞所以盛酒者，言其微也。”又《文选》郭景纯《江赋》曰“惟岷山之导江，初发源乎滥觞”，臣翰注云：“‘滥’谓泛滥，小流貌。觞，酒醆也。谓发源小如一醆。”“汉”者，巴蜀之间地名也。二世元年诸侯叛秦，沛人共立刘季以为沛公。二年八月入秦，秦相赵高杀二世，立二世兄子子婴，冬十月为汉元年。子婴二年春正月，项羽尊楚怀王为义帝，羽自立为西楚霸王，更立沛公为汉王，王巴蜀、汉中四十一县，都南郑。五年破项羽，斩之。六年二月，即皇帝位于汜水之阳，遂取汉为天下号，若商、周然也。汉兴，改秦之政，大收篇籍。言从始皇焚烧之后，至汉氏尊学，初除挟书之律，有河间人颜贞出其父芝所藏，凡一十八章，以相传授。言其至少，故云“滥觞于汉”也，其后寖盛，则如江矣。《释名》云：“酒滓曰糟，浮米曰粕。”[7]既以“滥觞”况其少，因取“糟粕”比其微，言醇粹既丧，但馀此糟粕耳。

“故鲁史春秋学开五传”　“故”者，因上起下之语。夫子约鲁史《春秋》，“学开五传”者，谓各专己学，以相教授，分经作传，凡有五家。开则分也。“五传”者，案《汉书·艺文志》云：《左氏传》三十卷，左丘明，鲁太史也。《公羊传》十一卷，公羊子，齐人，名高，受经于子夏。《穀梁传》十一卷，名赤，鲁人，[8]糜信云“与秦孝公同时”，《七录》云“名俶，字元始”，《风俗通》云“子夏门人”。《邹氏传》十一卷，《汉书》云“王吉善《邹氏春秋》”。《夹氏传》十一卷，有录无书。其邹、夹二家，邹氏无师，夹氏未有书，故不显于世，盖王莽时亡失耳。

“国风雅颂分为四诗”　《诗》有《国风》、《小雅》、《大雅》、《周颂》、《鲁颂》、《商颂》，故曰“《国风》、《雅》、《颂》”。“四《诗》”者，《毛诗》、《韩诗》、《齐诗》、《鲁诗》也。《毛诗》自夫子授卜商，传至大毛公名亨，大毛公授毛苌，赵人，为河间献王博士。先有子夏《诗传》一卷，苌各置其篇端，存其作者，至后汉大司农郑玄为之笺，是曰“毛诗”。《韩诗》者，汉文帝时博士燕人韩婴所传，武帝时与董仲舒论于上前，仲舒不能难，至晋无人传习，是曰“韩诗”。《齐诗》者，汉景帝时博士清河太傅辕固生所传，号“齐诗”，传夏侯始昌，昌授后苍辈，门人尤盛，后汉陈元方亦传之，至西晋亡，是曰“齐诗”。《鲁诗》者，汉武帝时鲁人申公所述，以经为训诂教之，无传，疑者则阙，号为“鲁诗”。

“去圣逾远源流益别” 逾，越也。百川之本曰源，水行曰流，增多曰益。言秦汉而下，上去孔子圣越远，《孝经》本是一源，诸家增益，别为众流，谓其文不同也。

“近观”至“尤甚” 《孝经》今文称郑玄注，古文称孔安国注，先儒详之，皆非真实，而学者互相宗尚。踳，乖也。驳，错也。尤，过也。今言观此二注乖错过甚，故言“踳驳尤甚”也。

“至于”至“百家” “至于”者，语更端之辞也。迹，踪迹也。祖，始也。因而明之曰述。言学者踪迹相寻，以在前者为始，后人从而述修之，若仲尼祖述尧、舜之为也。殆，近也。言近且百家，目其多也。案其人，今文则有魏王肃、苏林、何晏、刘邵，吴韦昭、谢万、徐整，晋袁宏、虞盘佐，东晋杨泓、殷仲文、车胤、孙氏、庾氏，宋荀昶、[9]孔光、何承天、释慧琳，齐王玄载、明僧绍，及汉之长孙氏、江翁、翼奉、后苍、张禹、郑众、郑玄所说，各擅为一家也。其梁皇侃撰《义疏》三卷，梁武帝作讲疏，贺玚、严植之、刘贞简、明山宾咸有说，隋有巨鹿魏真克者亦为之训注。其古文出自孔氏坏壁，本是孔安国作传，会巫蛊事，其本亡失，至隋，王劭所得，以送刘炫，炫叙其得丧，述其义疏讲之。[10]刘绰亦作疏，与郑义俱行。又马融亦作《古文孝经传》，而世不传。此皆祖述名家者也。

“业擅专门犹将十室” 上言“百家”者，大略皆祖述而已，其于传守已业、专门命氏者，尚自将近十室。室则家也，《尔雅·释宫》云：“宫谓之室，室谓之宫，其内谓之家。”但与上“百家”变文耳，故言“十室”。其十室之名，序不指摘，不可强言，盖后苍、张禹、郑玄、王肃之徒也。

“希升堂者必自开户牖” 希，望也。《论语》云“子曰：由也升堂矣，未入于室”，夫子言仲由升我堂矣，未入于室耳。今祖述《孝经》之人，望升夫子之堂者，既不得其门而入，必自擅开门户牖矣。言其妄为穿凿也。

“攀逸驾者必骋殊轨辙” 攀，引也。“逸驾”谓奔逸之车驾也。案《庄子》：“颜渊问于仲尼曰：‘夫子步亦步，夫子趋亦趋，夫子驰亦驰，夫子奔逸绝尘而回瞠若乎后耳。’”言夫子之道，神速不可及也。今祖述《孝经》之人，欲仰慕攀引夫子奔逸之驾者，既不得直道而行，必驰骋于殊异之轨辙矣。言不知道之无从也。两辙之间曰轨，车轮所铄曰辙。

“是以”至“浮伪” “道”者，圣人之大道也。隐，蔽也。“小成”谓小道而有成德者也。“言”者，夫子之至言也。“浮伪”谓浮华诡辩也。言此穿凿驰骋之徒，唯行小道华辩，致使大道至言皆为隐蔽，其实则不可隐。故《庄子·内篇·齐物论》云：“道恶乎隐而有真伪，言恶乎隐而有是非。道恶乎往而不存，言恶乎存而不可。道隐于小成，言隐于荣华。”此文与彼同，唯“荣华”作“浮伪”耳，大意则不异也。

“且传”至“为主” “且”者，语辞。“传”者，注解之别名。博释经意，传示后人则谓之传。“注”者，著也。约文敷畅，使经义著明则谓之注。作得自题，不为义例。或曰：前汉以前名传，后汉以来名注。盖亦不然，何则？马融亦谓之传，知或说非也。此言传注解释则以通畅经指为义，义之裁断则以必然当理为主也。

“至当归一精义无二” 至极之当，必归于一，精妙之义，焉有二三？将言诸家不同，宜会合之也。

“安得”至“枢要也” 安，何也。诸家之说既互有得失，何得不翦截繁多芜秽，而撮取其枢机要道也？

韦昭、王肃，先儒之领袖；虞翻、刘卲，抑又次焉。刘炫明安国之本，陆澄讥康成之注。在理或当，何必求人？今故特举六家之异同，会五经之旨趣。约文敷畅，义则昭然；分注错经，理亦条贯。写之琬琰，庶有补（于）将来。

【疏】

“韦昭”至“将来” 自此至“有补将来”为第四段，序作注之意。举六家异同，会五经旨趣，敷畅经义，望益将来也。

“韦昭”至“次焉” 《吴志》曰：“韦曜字弘嗣，吴郡云阳人，本名昭，避晋文帝讳改名曜。仕吴，至中书仆射、侍中，领左国史，封高陵亭侯。”《魏志》曰：“王肃字子雍，王朗之子。仕魏，历散骑黄门侍郎、散骑常侍，兼太常。”《吴志》：“虞翻字仲翔，会稽馀姚人。汉末举茂才，曹公辟不就。仕吴，以儒学闻，为《老子》、《论语》、《国语》训注，传于世。”《魏志》：“刘卲字孔才，广平邯郸人。仕魏，历散骑常侍，赐爵关内侯。著《人物志》百篇。”此指言韦、王所学，在先儒之中如衣之有领袖也，虞、刘二家亚次之。抑，语辞也。

“刘炫”至“之注” 《隋书》云：“刘炫字光伯，河间景城人。炫左画方、右画圆、口诵、目数、耳听，五事并举，无所遗失。仕后周，直门下省，竟不得官。县司责其赋役，炫自陈于内史，乞送吏部。吏部尚书韦世康问其所能，炫自为状曰：‘《周礼》、《礼记》、《毛诗》、《尚书》、《公羊》、《左传》、《孝经》、《论语》，孔、郑、王、何、服、杜等注凡三十家，虽义有精麤，并堪讲授。《周易》、《仪礼》、《穀梁》，用功颇少；子史文集、嘉言美事，咸诵于心；天文、律历，穷核微妙；公私文翰，未尝举手。’吏部竟不详试，除殿内将军。仕隋，历太学博士，罢归河间，贼中饿死，谥宣德先生。”初，炫既得王劭所送古文孔安国注本，遂著《古文稽疑》以明之。萧子显《齐书》曰："陆澄字彦渊，吴郡吴人也。少好学博览，无不知。起家仕宋，至齐，历国子祭酒、光禄大夫。"初，澄以晋荀昶所学为非郑玄所注，请不藏秘省，王俭违其议。

"在理或当何必求人"　言但在注释之理允当，不必讥非其人也。求犹责也。

"今故"至"旨趣"　"六家"即韦昭、王肃、虞翻、刘邵、刘炫、陆澄也。言举此六家，而又会合诸经之旨趣耳。

"约文敷畅义则昭然"　约，省也。敷，布也。畅，通也。言作注之体，直约省其文，不假繁多，能徧布通畅经义，使之昭明也。然，语辞也。

"分注错经理亦条贯"　谓分其注解，间错经文也。经注虽然分错，其理亦不相乱而有条有贯也。《书》云"若网在纲，有条而不紊"，《论语》"子曰：参乎，吾道一以贯之"，是条之理也。

"写之"至"将来"　案《考工记》玉人职云"琬圭九寸而缫，以象德"，注云："琬犹圜也，王使之瑞节也。诸侯有德，王命赐之，使者执琬圭以致命焉。缫，藉也。"又云"琰圭九寸，判规，以除慝，以易行"，注云："凡圭琰上寸半，琰圭琰半以上，又半为瑑饰。诸侯有为不义，使者征之，执以为瑞节也。除慝，诛恶逆也。易行，去繁苛。"今言以此所注《孝经》写之琬圭、琰圭之上，若简策之为，庶几有所裨补于将来学者。或曰：谓刊石也，而言"写之琬琰"者，取其美名耳。

且夫子谈经，志取垂训，虽五孝之用则别，而百行之源不殊。是以一章之中凡有数句，一句之内意有兼明，具载则文繁，略之又义阙，今存于疏，用广发挥。

【疏】

“且夫子”至“发挥”　自此至序末为第五段，言夫子之经言约意深，注繁文不能具载，乃作疏义以广其旨也。

“且夫子”至“垂训”　且夫子所谈之经，其志但取垂训后代而已。

“虽五孝”至“不殊”　“五孝”者，天子、诸侯、卿大夫、士、庶人五等所行之孝也。言此五孝之用虽尊卑不同，而孝为百行之源则其致一也。

“是以”至“兼明”　积句以成章，章者明也，总义包体，所以明情者也；句必联字而言，句者局也，联字分疆，所以局言者也。言夫子所修之经，志在殷勤垂训，所以“一章之中凡有数句，一句之内意有兼明”者也，若移忠移顺、博爱广敬之类皆是。

“具载”至“义阙”　言作注之体，意在约文敷畅，复恐太略，则大义或阙。

“今存于疏用广发挥”　此言必须作疏之义也。“发”谓发越，“挥”谓挥散。若其注文未备者，则具存于疏，用此义疏，以广大、发越、挥散夫子之经旨也。

【校勘记】

[1]非答曾子：注疏诸本惟殿本作“不答曾子”，浦镗《正误》、俞樾《古书疑义举例·寓名例》均谓：“‘答’上疑夺‘非’字。”今按：“不”、“非”孰当虽未能断定，然此处力辩非实有问答之事，则依文义当有此否定之字，故据《正误》及俞说补。

[2]孝已：阮元校勘记（以下简称“阮校”）：“监本、毛本‘以’作‘巳’。”殿本作“已”，今按：《史记·陈丞相世家》“今有尾生、孝已之行”，《集解》：“如淳曰：孝已，高宗之子，有孝行。”殷王族习以日干为名，作“已”是，据改。

[3]著作郎王劭：原作“著作王邵”，《唐会要》卷七七、《文苑英华》卷七六六、《册府元龟》卷六〇四“作”下有“郎”字，据《北史·儒林下》，有“郎”是，据补。“王邵”，注疏诸本惟阮本作“劭”，史籍所载不一，或从力，或从邑，《隋书》本传称“王劭字君懋”，今按：从邑之“邵”为晋邑之名，别无他释，而“劭”、“懋”俱有勉义，则《隋书》及阮本作“劭”是，据改（本书下文皆据此径改）。

[4]脱衣就功：原作“脱之应功”，阮校：“《唐会要》、《文苑英华》及日本所刻伪《孝经孔传》并作‘脱衣就功’。”今按：《册府元龟》卷六〇四、《古文孝经孔氏传》（《知不足斋丛书》本，后同）亦作“脱衣就功”，疏谓此注“旁出诸子”，盖出自《管子·小匡》，彼作“税衣就功”，注云“脱其常服以就功役”，则作“脱衣就功”是，据改。

[5]涂足：“涂”字原作“徒”，阮校：“《文苑英华》亦作‘涂’，《唐会要》作‘跣’。”今按：《册府元龟》卷六〇四、《古文孝经孔氏传》、《管子·小匡》均作“涂”，据改。

[6]郗常：《新唐书·儒学下》有“郗常亨”，《册府元龟》卷七〇八作“国子博士郗常通”，而《旧唐书·褚无量传》则作“国子博士郄恒通”，卷子本元行冲序作“郄亨”。盖其名当作“郗恒亨”，因先后避讳而改“亨”为“通”、易“恒”作“常”。据元行冲序，其曾预讨论经旨，则与此处之“郗常”疑系一人。

［7］释名云酒滓曰糟浮米曰粕：现存字书及书传训释中，除钞袭此疏者外，未有以“浮米”释“粕”者，且与情事亦不合，《类篇》、《集韵》均谓“盝糟曰粕”，疑“浮米”乃“盝（或‘渌’）糟”之讹。又，此谓引自《释名》，然今本《释名》中无此语，毕沅《释名疏证》、王先谦《补》所辑佚文均不收此条，盖不以此属《释名》也。疑此处之“释名”乃“释文”之讹，通志堂本《释文》云：“糟，李云：‘酒滓也。’魄，本又作‘粕’，许慎云：‘粕，已漉麤糟也。’”若节略后与此引文合。

［8］穀梁传十一卷名赤鲁人：阮校：“‘卷’下当作‘穀梁子，鲁人，名赤’。”今按：此处“案《汉书·艺文志》云”以下乃以《艺文志》之书名、卷数与《经典释文·注解传述人》之《春秋》相关文字拼合成文，《释文》此项自作“名赤，鲁人”，阮说非。

［9］宋荀昶：“宋”字原无，按此节文例，不同朝代学者于第一名前冠代名，前有魏、吴、晋、东晋，后有齐及汉、梁、隋，故据补。

［10］述其义疏讲之：“讲”字原作“议”，《隋书·经籍志》云“炫因序其得丧，述其议疏，讲于人间，渐闻朝廷”，盖为疏所本，则“议”乃“讲”之讹，据改。

卷第一

开宗明义章第一

【疏】

开，张也；宗，本也；明，显也。义，理也。言此章开张一经之宗本，显明五孝之义理，故曰“开宗明义章”也。第，次也；一，数之始也。以此章总标，诸章以次结之，故为第一，冠诸章之首焉。案《孝经》遭秦坑焚之后，为河间颜芝所藏，初除挟书之律，芝子贞始出之。长孙氏及江翁、后苍、翼奉、张禹等所说皆十八章，及鲁恭王坏孔子宅，得古文二十二章，孔安国作传。刘向校经籍，比量二本，除其烦惑，以十八章为定而不列名。又有荀昶集其录及诸家疏并无章名，而《援神契》自《天子》至《庶人》五章，唯皇侃标其目而冠于章首。今郑注见章名，岂先有改除，近人追远而为之也？御注依古今、集详议，儒官连状题其章名，重加商量，遂依所请。“章”者明也，谓分析科段，使理章明。《说文》曰：“乐歌竟为一章。”章字从音、从十，谓从一至十，十，数之终。诸书言章者，盖因《风》、《雅》凡有科段皆谓之“章”焉。言天子、庶人虽列贵贱，而立身行道无限高卑，故次首章先陈天子，等差其贵贱以至庶人。次及《三才》、《孝治》、《圣治》三章，并叙德教之所由生也。《纪孝行章》叙孝子事亲为先，与五刑相因，即“夫孝始于事亲”也。《广要道章》、《广扬名章》即“先王有至德要道”，“扬名于后世”也。扬名之主因谏争之臣，从谏之君必有应感，三章相次，不离于扬名。《事君章》即“中于事君”也。《丧亲章》继于诸章之末，言孝子事亲之道终也。皇侃以《开宗》及《纪孝行》、《丧亲》等三章通于贵贱，今案《谏争章》大夫已上皆有争臣，而士有争友、父有争子，亦该贵贱，则通于贵贱者有四焉。

仲尼居①，曾子侍②。

【注】

①仲尼，孔子字。“居”谓閒居。

②曾子，孔子弟子。“侍”谓侍坐。

【疏】

“仲尼居曾子侍”　夫子以六经设教，随事表名，虽道由孝生而孝纲未举，将欲开明其道，垂之来裔。以曾参之孝先有重名，乃假因閒居，为之陈说。自标己字，称“仲尼居”；呼参为子，称“曾子侍”。建此两句，以起师资问答之体，似若别有承受而记录之。

注“仲尼”至“閒居”　云“仲尼，孔子字”者，案《家语》云：“孔子父叔梁纥娶颜氏之女徵在，徵在既往庙见，以夫年长，惧不时有男，而私祷尼丘山以祈焉。孔子故名丘，字仲尼。”夫伯、仲者，长幼之次也。仲尼有兄字伯，故曰“仲”。其名则案桓六年《左传》申繻曰名有五，其三曰“以类命为象”，杜注云：“若孔子首象尼丘。”盖以孔子生而汙顶，[1]象尼丘山，故名丘，字仲尼。而刘瓛述张禹之义，以为仲者中也，尼者和也，言孔子有中和之德，故曰仲尼。殷仲文又云：“夫子深敬孝道，故称表德之字。”及梁武帝又以丘为娶，以尼为和。今并不取。仲尼之先，殷之后也。案《史记·殷本纪》曰：帝喾之子契为尧司徒，有功，尧封之于商，赐姓子氏。契后世孙汤灭夏而为天子，至汤裔孙有位无道，周武王杀之，封其庶兄微子启于宋。案《家语》及《孔子世家》皆云：孔子其先宋人也。宋闵公有子弗父何，[2]长而当立，让其弟厉公。何生宋父周，周生世子胜，胜生正考父，正考父受命为宋卿，生孔父嘉，嘉别为公族，故其后以孔为氏。或以为用乙配子，或以滴溜穿石，其言不经，今不取也。孔父嘉生木金父，木金父生皋夷父，皋夷父生防叔，避华氏之祸而奔鲁。防叔生伯夏，伯夏生叔梁纥，纥生孔子也。云“‘居’谓閒居”者，古文《孝经》云“仲尼閒居”，盖为乘閒居而坐，与《论语》云“居，吾语汝”义同，而与下章“居则致其敬”不同。

注“曾子”至“侍坐”　云“曾子，孔子弟子”者，案《史记·仲尼弟子传》称：“曾参，南武城人，字子舆，少孔子四十六岁。孔子以为能通孝道，故授之业，作《孝经》，死于鲁。”故知是仲尼弟子也。云“‘侍’谓侍坐”者，言侍孔子而坐也。案古文云“曾子侍坐”，故知“侍”谓侍坐也。卑者在尊侧曰侍，故经谓之“侍”。凡侍有坐有立，此“曾子侍”即侍坐也，《曲礼》有“侍坐于先生”、“侍坐于所尊”、“侍坐于君子”。据此而言，明侍坐于夫子也。

子曰：先王有至德要道，以顺天下，民用和睦，上下无怨①。汝知之乎？

曾子避席曰：参不敏，何足以知之②？

子曰：夫孝，德之本也③，教之所由生也④。复坐，吾语汝⑤。

【注】

①孝者，德之至、道之要也。言先代圣德之主能顺天下人心，行此至要之化，则上下臣人和睦无怨。

②参，曾子名也。礼，师有问，避席起答。敏，达也。言参不达，何足知此至要之义。

③人之行莫大于孝，故为德本。

④言教从孝而生。

⑤曾参起对，故使复坐。

【疏】

“子曰”至“语汝” “子”者，孔子自谓。案《公羊传》云：“子者，男子通称也。”古者谓师为子，故夫子以子自称。“曰”者，辞也。言先代圣帝明王皆行至美之德、要约之道，以顺天下人心而教化之，天下之人被服其教，用此之故，并自相和睦，上下尊卑无相怨者。参，汝能知之乎？又假言参闻夫子之说，乃避所居之席，起而对曰：参性不聪敏，何足以知先王至德要道之言哉？既叙曾子不知，夫子又为释之曰：夫孝，德行之根本也。此释“先王有至德要道”，谓至德要道元出于孝，孝为之本也。云“教之所由生也”者，此释“以顺天下，民用和睦，上下无怨”，谓王教由孝而生也。孝道深广，非立可终，故使复坐，吾语汝也。

注“孝者”至“无怨” 云“孝者，德之至、道之要也”者，依王肃义。德以孝而至，道以孝而要，是道德不离于孝。殷仲文曰：“穷理之至，以一管众为要。”

注“参曾”至“之义” 刘炫曰：“性未达，何足知？”然性未达，[3]何足知至要之义者，谓自云性不达，何足知此先王至德要道之义也。

注“人之”至“德本” 此依郑注引其《圣治章》文也，言孝行最大，故为德之本也。“德”则至德也。

注“言教从孝而生” 此依韦注也。案《礼记·祭义》称曾子云：“众之本教曰孝。”《尚书》“敬敷五教”，解者谓教父以义、教母以慈、教兄以友、教弟以恭、教子以孝。举此则其馀顺人之教皆可知也。

注“曾参”至“复坐” 此义已见于上。

身体发肤，受之父母，不敢毁伤，孝之始也[1]；立身行道，扬名于后世，以显父母，孝之终也[2]。

【注】

①父母全而生之，已当全而归之，故不敢毁伤。

②言能立身行此孝道，自然名扬后世，光荣其亲，故行孝以不毁为先、扬名为后。

【疏】

“身体”至“终也”　“身”谓躬也，“体”谓四支也，“发”谓毛发，“肤”谓皮肤。《礼运》曰“四体既正，肤革充盈”，《诗》曰“鬒发如云”，此则“身体发肤”之谓也。言为人子者常须戒慎，战战兢兢，恐致毁伤，此行孝之始也。又言孝行非唯不毁而已，须成立其身，使善名扬于后代，以光荣其父母，此孝行之终也。若行孝道不至扬名荣亲，则未得为立身也。

注“父母”至“毁伤”　云“父母全而生之，已当全而归之”者，此依郑注引《祭义》乐正子春之言也。言子之初生，受全体于父母，故当常自念虑，至死全而归之，若曾子启手、启足之类是也。云“故不敢毁伤”者，“毁”谓亏辱，“伤”谓损伤。故夫子云“不亏其体，不辱其身，可谓全矣”，及郑注《周礼》“禁杀戮”云“见血为伤”是也。

注“言能”至“为后”　云“言能立身行此孝道”者，谓人将立其身，先须行此孝道也。其行孝道之事，则下文“始于事亲，中于事君”是也。云“自然名扬后世，光荣其亲”者，皇侃云：“若生能行孝，没而扬名，则身有德誉，乃能光荣其父母也。”因引《祭义》曰“孝也者，国人称愿，然曰‘幸哉！有子如此’”，又引《哀公问》称“孔子对曰：君子也者，人之成名也，百姓归之名，谓之君子之子，是使其亲为君子也”，此则扬名荣亲也。云“故行孝以不毁为先”者，全其身为孝子之始也；云“扬名为后”者，谓后行孝道为孝之终也。夫不敢毁伤，阖棺乃止，立身行道，弱冠须明。经虽言其始终，此略示有先后，非谓不敢毁伤唯在于始，立身行道独在于终也，明不敢毁伤、立身行道，从始至末，两行无怠。此于次有先后，非于事理有终始也。

夫孝，始于事亲，中于事君，终于立身①。

【注】

① 言行孝以事亲为始，事君为中，忠孝道著，乃能扬名荣亲，故曰“终于立身”也。

【疏】

“夫孝”至“立身” 夫为人子者，先能全身而后能行其道也。夫行道者，谓先能事亲而后能立其身。前言立身，未示其迹。其迹，始者在于内事其亲也，中者在于出事其主，忠孝皆备，扬名荣亲，是“终于立身”也。

注“言行”至“身也” 云“言行孝以事亲为始，事君为中”者，此释“始于事亲，中于事君”也。云“忠孝道著，乃能扬名荣亲，故曰‘终于立身’也”者，此释“终于立身”也。然能事亲、事君，理兼士庶，则终于立身亦通贵贱焉。郑玄以为“父母生之，是事亲为始；四十强而仕，是事君为中；七十致仕，是立身为终也”者，刘炫驳云：“若以始为在家，终为致仕，则兆庶皆能有始，人君所以无终。若以年七十者始为孝终，不致仕者皆为不立，则中寿之辈尽曰不终，颜子之流亦无所立矣。”

《大雅》云："无念尔祖，聿修厥德①。"

【注】

①《诗·大雅》也。无念，念也。聿，述也。厥，其也。义取恒念先祖，述修其德。

【疏】

"大雅"至"厥德"　夫子叙述立身行道扬名之义既毕，乃引《大雅·文王》之诗以结之。言凡为人子孙者，常念尔之先祖，当述修其功德也。

注"诗大"至"其德"　云"无念，念也"，"聿，述也"，此并毛传文；"厥，其也"，《释言》文。云"义取常念先祖，述修其德"者，此依孔传也，谓述修先祖之德而行之。此经有十一章引《诗》及《书》，刘炫云："夫子叙经，申述先王之道。《诗》、《书》之语，事有当其义者，则引而证之，示言不虚发也。七章不引者，或事义相违，或文势自足，则不引也。五经唯传引《诗》，而《礼》则杂引，《诗》、《书》及《易》并意及则引。若泛指，则云'《诗》曰'、'《诗》云'；若指四始之名，即云《国风》、《大雅》、《小雅》、《鲁颂》、《商颂》；若指篇名，即言'《勺》曰'、'《武》曰'，皆随所便而引之，无定例也。"郑注云："雅者，正也。方始发章，以正为始。"亦无取焉。

天子章第二

【疏】

前《开宗明义章》虽通贵贱，其迹未著，故此已下至于《庶人》凡有五章，谓之“五孝”，各说行孝奉亲之事而立教焉。天子至尊，故标居其首。案《礼记·表记》云“惟天子受命于天”，故曰天子；《白虎通》云“王者父天母地”，亦曰天子。[4]虞、夏以上未有此名，殷、周以来始谓王者为天子也。

子曰：爱亲者不敢恶于人①，敬亲者不敢慢于人②。爱敬尽于事亲，而德教加于百姓，刑于四海③，盖天子之孝也④。

【注】

①博爱也。

②广敬也。

③刑，法也。君行博爱、广敬之道，使人皆不慢恶其亲，则德教加被天下，当为四夷之所法则也。

④盖犹略也。孝道广大，此略言之。

【疏】

“子曰”至“孝也”　此陈天子之孝也。所谓“爱亲”者，是天子身行爱敬也。“不敢恶于人”、“不敢慢于人”者，是天子施化，使天下之人皆行爱敬，不敢慢恶于其亲也。“亲”谓其父母也。言天子岂唯因心内恕，克己复礼，自行爱敬而已，亦当设教施令，使天下之人不慢恶于其父母，如此则至德要道之教加被天下，亦当使四海蛮夷慕化而法则之，此盖是天子之行孝也。《孝经援神契》云“天子孝曰‘就’”，言德被天下，泽及万物，始终成就，荣其祖考也。五等之孝，惟于《天子章》称“子曰”者，皇侃云：“上陈天子极尊，下列庶人极卑，尊卑既异，恐嫌为孝之理有别，故以一‘子曰’通冠五章，明尊卑贵贱有殊，而奉亲之道无二。”

注“博爱也” 此依魏注也。博，大也。言君爱亲，又施德教于人，使人皆爱其亲，不敢有恶其父母者，是博爱也。

注“广敬也” 此依魏注也。广亦大也。言君敬亲，又施德教于人，使人皆敬其亲，不敢有慢其父母者，是广敬也。孔传以人为天下众人，言君爱敬己亲则能推己及物，谓有天下者爱敬天下之人，有一国者爱敬一国之人也。不恶者，为君常思安人，为其兴利除害则上下无怨，是为至德也；不慢者，则《曲礼》曰“毋不敬”，《书》曰“为人上者奈何不敬”，君能不慢于人，修己以安百姓则千万人悦，是为要道也。上施德教，人用和睦，则分崩离析无由而生也。案《礼记·祭义》称“有虞氏贵德而尚齿，夏后氏贵爵而尚齿，殷人贵富而尚齿，周人贵亲而尚齿”，虞、夏、殷、周，天下之盛王也，未有遗年者，年之贵乎天下久矣，次乎事亲也，斯亦不敢慢于人也。所以于《天子章》明爱敬者，王肃、韦昭云：“天子居四海之上，为教训之主，为教易行，故寄易行者宣之。”然爱之与敬，解者众多。袁宏云：“亲至结心为爱，崇恪表迹为敬。”刘炫云：“爱恶俱在于心，敬慢并见于貌。爱者隐惜而结于内，敬者严肃而形于外。”皇侃云：“爱敬各有心、迹，烝烝至惜是为爱心，温凊搔摩是为爱迹；肃肃悚栗是为敬心，拜伏擎跪是为敬迹。”旧说云：“爱生于真，敬起自严。孝是真性，故先爱后敬也。”旧问曰：“天子以爱敬为孝，及庶人以躬耕为孝，五者并相通否？”梁王答云：“天子既极爱敬，必须五等行之，然后乃成。庶人虽在躬耕，岂不爱敬及不骄、不溢已下事邪？以此言之，五等之孝互相通也。”然诸侯言保社稷，大夫言守宗庙，士言保其禄位而守其祭祀，以例言之，天子当云保其天下，庶人当言保其田农，此略之不言，何也？《左传》曰“天子守在四夷”，故“爱敬尽于事亲”之下，而言“德教加于百姓，刑于四海”，保守之理已定，不烦更言保也。庶人用天之道，分地之利，谨身节用，保守田农不离于此，既无守任，不假言保守也。

注“刑法”至“则也” “刑，法也”，《释诂》文。云“君行博爱、广敬之道，使人皆不慢恶其亲”者，是天子爱敬尽于事亲，又施德教，使天下之人皆不敢慢恶其亲也。云“则德教加被天下”者，释“刑于四海”也。“百姓”谓天下之人皆有族姓，言百，举其多也。《尚书》云“平章百姓”，则谓百姓为百官，为下有“黎民”之文，所以百姓非兆庶也。此经“德教加于百姓”，则谓天下百姓，为与“刑于四海”相对。“四海”既是四夷，则此“百姓”自然是天下兆庶也。经典通谓四夷为“四海”。案《周礼》、《礼记》、《尔雅》皆言东夷、西戎、南蛮、北狄谓之四夷，或云“四海”，故注以四夷释“四海”也。孙炎曰：“海者，晦暗无知也。”

注“盖犹”至“略言之” 此依魏注也。案孔传云：“‘盖’者，辜较之辞。”刘炫云：“辜较犹梗概也。孝道既广，此才举其大略也。”刘瓛云：“‘盖’者，不终尽之辞。明孝道之广大，此略言之也。”皇侃云：“略陈如此，未能究竟。”是也。郑注云：“‘盖’者，谦辞。”据此而言，“盖”非谦也。刘炫驳云：“若以制作须谦，则庶人亦当谦矣；苟以名位须谦，夫子曾为大夫，于士何谦而亦云‘盖’也？斯则卿士以上之言，‘盖’者并非谦辞可知也。”

《甫刑》云：“一人有庆，兆民赖之①。”

【注】

①《甫刑》即《尚书·吕刑》也。一人，天子也。庆，善也。十亿曰兆。义取天子行孝，兆人皆赖其善。

【疏】

“甫刑”至“赖之” 夫子述天子之行孝既毕，乃引《尚书·甫刑》篇之言以结成其义。庆，善也。言天子一人有善，则天下兆庶皆倚赖之也。善则爱敬是也。“一人有庆”，结“爱敬尽于事亲”已上也；“兆民赖之”，结“而德教加于百姓”已下也。

注“甫刑”至“其善” 云“《甫刑》即《尚书·吕刑》也”者，《尚书》有《吕刑》而无《甫刑》也。案《礼记·缁衣》篇孔子两引《甫刑》辞，与《吕刑》无别，则孔子之代以“甫刑”命篇明矣。今《尚书》为“吕刑”者，孔安国云：“后为甫侯，故称‘甫刑’。”知者，以《诗·大雅·嵩高》之篇宣王之诗，云“生甫及申”，《扬之水》为平王之诗，“不与我戍甫”，明子孙改封为甫侯，不知因吕国改作“甫”名，不知别封馀国而为“甫”号。然子孙封甫，穆王时未有“甫”名，而称为“甫刑”者，后人以子孙之国号名之也，犹若叔虞初封于唐，子孙封晋，而《史记》称“晋世家”也。刘炫以为“遭秦焚书，各信其学，后人不能改正而两存之也”者，非也。诸章皆引《诗》，此章独引《书》者，以孔子之言布在方策，言必皆引《诗》、《书》证事，示不冯虚说，义当《诗》意则引《诗》，义当《易》意则引《易》。此章与《书》意义相契，故引为证也。郑注以《书》录王事，故证《天子》之章，以为引类得象。然引《大雅》证《大夫》、引《曹风》证《圣治》，岂引类得象乎？此不取也。云“一人，天子也”者，依孔传也。旧说：“天子自称则言‘予一人’。予，我也。言我虽身处上位，犹是人中之一耳，与人不异，是谦也。若臣人称之则惟言‘一人’，言四海之内惟一人，乃为尊称也。”天子者帝王之爵，犹公、侯、伯、子、男五等之称。云“庆，善也”，书传通训也。云“十亿曰兆”者，古数为然。云“义取天子行孝，兆人皆赖其善”者，释“一人有庆，兆民赖之”也。姓言百、民称兆，皆举其多也。

【校勘记】

[1]孔子生而汙顶：阮校："《史记·孔子世家》作'圩'，音乌，窊也。《白虎通·姓名》篇云'孔子首类尼丘山'，盖中低而四旁高如屋宇之反，则作'圩'是也。"今按：疏此句袭自桓六年《左传正义》，彼亦作"汙"。《尔雅·释丘》"水潦所止，泥丘"，注："顶上汙下者。"《释文》谓："泥，乃兮反，依字作'尼'，又作'坭'。汙音乌。"则汙、圩音义皆同，无烦改字。

[2]宋闵公有子弗父何：阮校："《正误》'闵'作'襄'，是也。"今按：《左传》昭七年"弗父何以有宋而授厉公"，杜注："弗父何，孔父嘉之高祖，宋闵公之子、厉公之兄，何适嗣当立，以让厉公。"《孔子家语·观周》"其祖弗父何始有国而受厉公"，王肃注："弗父何，缗公世子、厉公兄也，让国以授厉公。"则作"闵"是，阮说非。又，《家语·本姓》"宋公生丁公申，申公生缗公共及襄公熙，熙生弗父何"，昭七年《左传正义》"《家语·本姓》篇云'宋愍公熙生弗父何'"，江永《乡党图考》卷二谓："昭七年《左传正义》引《家语》与今本不同，其言愍公是也，愍公名共而云熙，盖《家语》传写各有误耳。"

[3]刘炫曰性未达何足知然性未达：浦镗《正误》谓"刘炫曰性未达何足知然"十字"当为衍文，或'此依刘注也'五字之误"，阮校谓：卢文弨校本于"何足知""下补'此依刘注也'五字"，而"然性未达"之"然"字"当'言'字之讹"。今按："刘炫曰性未达"云云释注"言参不达，何足知此至要之义"而径接于"以一管众为要"下，中间显有脱误，而《正误》、阮校之说均感未妥，故仅补本条疏之导语而文仍其旧，以待后贤。

[4]亦曰天子：阮校："《正误》'亦'作'故'，是也。"今按：疏云"《礼记·表记》云'惟天子受命于天'，故曰天子；《白虎通》云'王者父天母地'，亦曰天子"，是谓"天子"有两义，或以"受命于天"，或以"父天母地"，故后句称"亦曰"，阮说非。

卷第二

诸侯章第三

【疏】

次天子之贵者诸侯也。案《释诂》云："公、侯，君也。"不曰"诸公"者，嫌涉天子三公也，故以其次称为诸侯，犹言诸国之君也。皇侃云"以侯是五等之第二，下接伯、子、男，故称'诸侯'"，今不取也。

在上不骄，高而不危①；制节谨度，满而不溢②。高而不危，所以长守贵也；满而不溢，所以长守富也。富贵不离其身，然后能保其社稷而和其民人③，盖诸侯之孝也④。

【注】

①诸侯，列国之君，贵在人上，可谓高矣，而能不骄则免危也。

②费用约俭谓之"制节"，慎行礼法谓之"谨度"。无礼为骄，奢泰为溢。

③列国皆有社稷，其君主而祭之。言富贵常在其身，则长为社稷之主，而人自和平也。

【疏】

"在上"至"孝也"　夫子前述天子行孝之事已毕，次明诸侯行孝也。言诸侯在一国臣人之上，其位高矣，高者危惧，若能不以贵自骄，则虽处高位终不至于倾危也。积一国之赋税，其府库充满矣，若制立节限，慎守法度，则虽充满而不至盈溢也。“满”谓充实，“溢”谓奢侈。《书》称“位不期骄，禄不期侈”，是知贵不与骄期而骄自至，富不与侈期而侈自来。言诸侯贵为一国之主，富有一国之财，故宜戒之也。又复述不危、不溢之义，言居高位而不倾危，所以常守其贵；财货充满而不盈溢，所以长守其富。使富贵长久，不去离其身，然后乃能安其国之社稷，而协和所统之臣人，谓社稷以此安，臣人以此和也。言此上所陈，盖是诸侯之行孝也。皇侃云：“民是广及无知，人是稍识仁义，即府史之徒，故言‘民人’，明远近皆和悦也。”《援神契》云“诸侯行孝曰‘度’”，言奉天子之法度，得不危溢，是荣其先祖也。

注“诸侯”至“危也” 云“诸侯，列国之君”者，经典皆谓天子之国为王国，诸侯之国为列国。《诗》云“思皇多士，生此王国”，则天子之国也；《左传》鲁孙叔豹云“我列国也”，郑子产云“列国一同”，是诸侯之国也。“列国”者，言其国君皆以爵位尊卑及土地大小而叙列焉，五等皆然。云“贵在人上，可谓高矣”者，言诸侯贵在一国臣人之上，其位高也。云“而能不骄则免危也”者，言其为国以礼，能不陵上慢下则免倾危也。

注“费用”至“为溢” 云“费用约俭谓之‘制节’”者，此依郑注释“制节”也。谓费国之财以供己用，每事俭约，不为华侈，则《论语》“道千乘之国”云“节用而爱人”是也。云“慎行礼法谓之‘谨度’”者，此释“谨度”也。言不可奢僭，当须慎行礼法，无所乖越，动合典章。皇侃云：“谓宫室、车旗之类皆不奢僭也。”“无礼为骄，奢泰为溢”者，皆谓华侈放恣也。前未解“骄”，今于此注与“溢”相对而释之，言“无礼”谓陵上慢下也。皇侃云：“在上不骄以戒贵，应云居财不奢以戒富。若云制节谨度以戒富，亦应云制节谨身以戒贵。此不例者，互其文也。”但骄由居上，故戒贵云“在上”；溢由无节，故戒富云“制节”也。

注“列国”至“平也”　“列国”已具上释。云“皆有社稷”者，《韩诗外传》云：“天子大社，[1]东方青，南方赤，西方白，北方黑，中央黄土。若封四方诸侯，各割其方色土，苴以白茅而与之。诸侯以此土封之为社，明受于天子也。”社则土神也。经典所论，社稷皆连言之，皇侃以为稷五谷之长，亦为土神。据此稷亦社之类也，言诸侯有社稷乃有国，无社稷则无国也。云“其君主而祭之”者，案《左传》曰“君人者，社稷是主”，社稷因地，故以“列国”言之；祭必由君，故以“其君”言之。云“言富贵常在其身”者，此依王注释“富贵不离其身”也；“则长为社稷之主”者，释“保其社稷”也；云“而人自和平也”者，释“而和其民人”也。然经上文先贵后富，言因贵而富也；下复之富在贵先者，此与《易·系辞》“崇高莫大乎富贵”，《老子》云“富贵而骄”，皆随便而言之，非富合先于贵也。经传之言社稷多矣，案《左传》曰“共工氏之子曰勾龙，为后土，后土为社；有烈山氏之子曰柱，为稷，自夏以上祀之。周弃亦为稷，自商以来祀之”，言勾龙、柱、弃配社稷而祭之，则勾龙、柱、弃非社稷也。又《条牒》云“稷坛在社西，俱北乡并列，同营共门”，并如《条》之说。

《诗》云：“战战兢兢，如临深渊，如履薄冰①。”

【注】

①战战，恐惧。兢兢，戒慎。临深恐坠，履薄恐陷，义取为君恒须戒惧。[2]

【疏】

“诗云”至“薄冰”　夫子述诸侯行孝终毕，乃引《小雅·小旻》之诗以结之。言诸侯富贵不可骄溢，常须戒惧，故战战兢兢，常如临深履薄也。

注“战战”至“戒惧”　此依郑注也。案《毛诗》传云：“战战，恐也。兢兢，戒也。”此注“恐”下加“惧”，“戒”下加“慎”，足以圆文也。云“临深恐坠，履薄恐陷”者，亦《毛诗》传文也。“恐坠”谓坠入深渊不可复出，“恐陷”谓没在冰下不可拯济也。云“义取为君常须戒惧”者，引《诗》大意如此。

卿大夫章第四

【疏】

次诸侯之贵者即卿大夫焉。《说文》云：“卿，章也。”《白虎通》云：“卿之为言章也，章善明理也。大夫之为言大扶，扶进人者也。故传云：进贤达能谓之大夫。”《王制》云“上大夫，卿也”，又《典命》云“王之卿六命，其大夫四命”，则为卿与大夫异也，今连言者，以其行同也。

非先王之法服不敢服①，非先王之法言不敢道，非先王之德行不敢行②。是故非法不言，非道不行③。口无择言，身无择行④，言满天下无口过，行满天下无怨恶⑤。三者备矣，然后能守其宗庙⑥，盖卿大夫之孝也。

【注】

①服者身之表也，先王制五服，各有等差。言卿大夫遵守礼法，不敢僭上偪下。

②“法言”谓礼法之言，“德行”谓道德之行。若言非法、行非德，则亏孝道，故不敢也。

③言必守法，行必遵道。

④言行皆遵法、道，所以无可择也。

⑤礼法之言，焉有口过？道德之行，自无怨恶。

⑥三者，服、言、行也。礼，卿大夫立三庙，以奉先祖。言能备此三者，则能长守宗庙之祀。

【疏】

“非先王”至“孝也” 夫子述诸侯行孝之事终毕，次明卿大夫之行孝也。言大夫委质事君，学以从政，立朝则接对宾客，出聘则将命他邦，服饰、言行须遵礼典。若非先王礼法之衣服则不敢服之于身，若非先王礼法之言辞则不敢道之于口，若非先王道德之景行亦不敢行之于身。就此三事之中，言、行尤须重慎。是故非礼法则不言，非道德则不行。所以口无可择之言，身无可择之行也，使言满天下无口过，行满天下无怨恶。服饰、言、行三者无亏，然后乃能守其先祖之宗庙，盖是卿大夫之行孝也。《援神契》云“卿大夫行孝曰‘誉’”，盖以声誉为义，谓言行布满天下能无怨恶，遐迩称誉，是荣亲也。旧说云：“天子、诸侯各有卿大夫。”此章既云言行满于天下，又引《诗》云“夙夜匪懈，以事一人”，是举天子卿大夫也。天子卿大夫尚尔，则诸侯卿大夫可知也。

注“服者”至“偪下” “服者身之表也”者，此依孔传也。《左传》曰“衣，身之章也”，彼注云“章贵贱”，言服饰所以章其贵贱，章则表之义也。云“先王制五服，各有等差”者，案《尚书·皋陶》篇曰“天命有德，五服五章哉”，孔传云：“五服，天子、诸侯、卿、大夫、士之服也，尊卑采章各异。”是有等差也。云“言卿大夫遵守礼法，不敢僭上偪下”者，“僭上”谓服饰过制，僭拟于上也；“偪下”谓服饰俭固，偪迫于下也。卿大夫言必守法，行必遵德，服饰须合礼度，无宜僭偪，故刘炫引《礼》证之曰“君子上不僭上，下不偪下”是也。又案《尚书·益稷》篇称命禹曰“予欲观古人之象，日、月、星辰、山、龙、华虫，作会宗彝，藻、火、粉、米、黼、黻絺绣，以五采章施于五色作服，汝明”，孔传曰：“天子服日、月而下，诸侯自龙衮而下，至黼、黻，士服藻、火，大夫加粉、米。上得兼下，下不得僭上。”此古之天子冕服十二章，以日、月、星辰及山、龙、华虫六章画于衣，衣法于天，画之为阳也；以藻、火、粉、米、黼、黻六章绣之于裳，裳法于地，绣之为阴也。

日、月、星辰取照临于下，山取兴云致雨，龙取变化无穷，华虫谓雉取耿介，藻取文章，火取炎上以助其德，粉取絜白，米取能养，黼取断割，黻取背恶乡善，皆为百王之明戒，以益其德。诸侯自龙衮而下八章也，四章画于衣，四章绣于裳。大夫藻、火、粉、米四章也，二章画于衣，二章绣于裳。孔安国盖约夏、殷章服为说，周制则天子冕服九章，象阳之数极也。案郑注《周礼·司服》称“至周而以日、月、星辰画于旌旗，所谓‘三辰旗旗，昭其明也’”，又云：“登龙于山，登火于宗彝，尊其神明也。”古文以山为九章之首、火在宗彝之下，周制以龙为九章之首、火在宗彝之上，是“登龙于山，登火于宗彝”也。又案《司服》云“王祀昊天上帝则服大裘而冕，祀五帝亦如之，享先王则衮冕，享先公、飨、射则鷩冕，祀四望山川则毳冕，祭社稷、五祀则絺冕，群小祀则玄冕”，而冕服九章也。又案郑注：“九章，初一曰龙、次二曰山、次三曰华虫、次四曰火、次五曰宗彝，皆画以为缋；次六曰藻、次七曰粉米、次八曰黼、次九曰黻，皆絺以为绣，则衮之衣五章、裳四章，凡九也。鷩画以雉，谓华虫也，其衣三章、裳四章，凡七也。毳画虎蜼，谓宗彝也，其衣三章、裳二章，凡五也。絺刺粉米，无画也，其衣一章、裳二章，凡三也。玄者衣无文，裳刺黻而已，是以谓‘玄’焉。凡冕服，皆玄衣纁裳。”又案《司服》“公之服自衮冕而下，如王之服；侯、伯之服自鷩冕而下，子、男之服自毳冕而下，卿大夫之服自玄冕而下；士之服自皮弁而下，如大夫之服”，则周自公、侯、伯、子、男，其服之章数又与古之象服差矣。

注“法言”至“敢也”　“‘法言’谓礼法之言”者，此则《论语》云“非礼勿言”是也。云“‘德行’谓道德之行”者，即《论语》云“志于道，据于德”是也。“若言非法、行非德”者，即《王制》云“言伪而辩，行伪而坚”是也。云“则亏孝道，故不敢也”者，释所以不敢之意也。

注“言必”至“遵道”　此依正义释“非法不言，[3]非道不行”也。

注“言行”至“择也” 言不守礼法，行不遵道德，皆已而法去之。经言“无择”，谓令言行无可择也。

注“礼法”至“怨恶” 口有过恶者，以言之非礼法；行有怨恶者，以所行非道德也。若言必守法，行必遵道，则口无过，怨恶无从而生。

注“三者”至“之祀” 云“三者，服、言、行也”者，此谓法服、法言、德行也。然言之与行，君子所最谨，出已加人，发迩见远。出言不善，千里违之；其行不善，谴辱斯及。故首章一叙不毁而再叙立身，此章一举法服而三复言行也，则知表身者以言行，不亏、不毁犹易，立身难备也。皇侃云：“初陈教本，故举三事。服在身外可见，不假多戒；言行出于内府难明，必须备言。最于后结，宜应总言。”谓人相见，先观容饰，次交言辞，后论德行，故言三者以服为先、德行为后也。云“礼，卿大夫立三庙”者，义见末章。云“以奉先祖”者，谓奉事其祖考也。云“言能备此三者，则能长守宗庙之祀”者，谓卿大夫若能备服饰、言、行，则能守宗庙也。

《诗》云：“夙夜匪懈，以事一人[①]。”

【注】

①夙，早也。懈，惰也。义取为卿大夫能早夜不惰，敬事其君也。

【疏】

“诗云”至“一人” 夫子既述卿大夫行孝终毕，乃引《大雅·烝民》之诗以结之。言卿大夫当早起夜寐，以事天子，不得懈惰。匪犹不也。

注“夙早”至“君也” “夙，早也”，《释诂》文；“懈，惰也”，《释言》文。云“义取为卿大夫能早夜不惰”者，引《诗》

大意如此。云“敬事其君也”者，释“以事一人”，不言天子而言君者，欲通诸侯、卿大夫也。

士章第五

【疏】

次卿大夫者即士也。案《说文》曰：“数始于一，终于十。孔子曰：‘推一合十为士。’”《毛诗》传曰：“士者，事也。”《白虎通》曰：“士者，事也，任事之称也。”故《礼辨名记》曰：“士者，任事之称也，传曰：通古今、辨然不然谓之‘士’。”

资于事父以事母而爱同，资于事父以事君而敬同①，故母取其爱而君取其敬，兼之者父也②。

故以孝事君则忠③，以敬事长则顺④。忠顺不失，以事其上，然后能保其禄位而守其祭祀⑤，盖士之孝也。

【注】

①资，取也。言爱父与母同，敬父与君同。

②言事父兼爱与敬也。

③移事父孝以事于君则为忠矣。

④移事兄敬以事于长则为顺矣。

⑤能尽忠顺以事君长，则常安禄位、永守祭祀。

【疏】

“资于”至“孝也”　夫子述卿大夫行孝之事终，次明士之行孝也。言士始升公朝，离亲入仕，故此叙事父之爱敬，宜均事母与事君，以明割恩从义也。“资”者，取也。取于事父之行以事母，则爱父与爱母同；取于事父之行以事君，则敬父与敬君同。母之于子，先取其爱；君之于臣，先取其敬，皆不夺其性也。若兼取爱敬者，其惟父乎。既说爱敬取舍之理，遂明出身入仕之行。“故”者，连上之辞也。谓以事父之孝移事其君则为忠矣，以事兄之敬移事于长则为顺矣。“长”谓公卿大夫，言其位长于士也。又言事上之道在于忠顺，二者皆能不失，则可事上矣。“上”谓君与长也，言以忠顺事上，然后乃能保其禄秩官位，而长守先祖之祭祀，盖士之孝也。《援神契》云“士行孝曰‘究’”，以明审为义，当须能明审资亲事君之道，是能荣亲也。《白虎通》云：“天子之士独称元士，盖士贱，不得体君之尊，故加‘元’以别于诸侯之士也。”此直言士，则诸侯之士。前言大夫是戒天子之大夫，则诸侯之大夫可知也；此章戒诸侯之士，则天子之士亦可知也。

注“资取”至“君同”　云“资，取也”，此依孔传也。案郑注《表记》、《考工记》，并同训“资，取也”。云“言爱父与母同，敬父与君同”者，谓事母之爱、事君之敬，并同于父也。然爱之与敬俱出于心，君以尊高而敬深，母以鞠育而爱厚。刘炫曰：“夫亲至则敬不极，此情亲而恭少；尊至则爱不极，此心敬而恩杀也，故敬极于君、爱极于母。”梁王云：“《天子章》陈爱敬以辨化也，此章陈爱敬以辨情也。”

注“言事”至“敬也”　此依王注也。刘炫曰：“母亲至而尊不至，岂则尊之不极也；君尊至而亲不至，岂则亲之不极也。惟父既亲且尊，故曰‘兼’也。”刘瓛曰：“父情天属，尊无所屈，故爱敬双极也。”

注“移事”至“忠矣”　此依郑注也。《扬名章》云“君子之事亲孝，故忠可移于君”是也。旧说云：“入仕本欲安亲，非贪荣贵也，若用安亲之心则为忠也，若用贪荣之心则非忠也。”严植之曰：“上云君父敬同，则忠孝不得有异。”言以至孝之心事君必忠也。

注“移事”至“顺矣”　此依郑注也。下章云“事兄悌，故顺可移于长”，注不言悌而言敬者，顺经文也。《左传》曰“兄爱弟敬”，又曰“弟顺而敬”，则知悌之与敬，其义同焉。《尚书》云“邦伯师长”，安国曰：“众长，公卿也。”则知大夫已上皆是士之长。

注“能尽”至“祭祀”　谓能尽忠顺以事君长，则能保其禄位也。“禄”谓廪食，“位”谓爵位。《广雅》曰：“位，莅也。”莅下为位。《王制》云“上农夫食九人”，谓诸侯之下士视上农夫，中士倍下士，上士倍中士。“祭”者，际也，人神相接，故曰际也。“祀”者，似也，谓祀者似将见先人也。士亦有庙，经不言耳。大夫既言宗庙，士可知也；士言祭祀，则大夫之祭祀亦可知也，皆互以相明也。诸侯言“保其社稷”，大夫言“守其宗庙”，士则“保”、“守”并言者，皇侃云：“称‘保’者安镇也，‘守’者无近也。社稷、禄位是公，故言‘保’；宗庙、祭祀是私，故言‘守’也。士初得禄位，故两言之也。”

《诗》云：“夙兴夜寐，无忝尔所生①。”

【注】

①忝，辱也。“所生”谓父母也。义取早起夜寐，无辱其亲也。

【疏】

“诗云”至“所生”　夫子述士行孝毕，乃引《小雅·小宛》之诗以证之也。言士行孝，当早起夜寐，无辱其父母也。

注“忝辱”至“亲也”　云“忝，辱也”，《释言》文。“‘所生’谓父母也”，下章云“父母生之”是也。云“义取早起夜寐，无辱其亲也”者，亦引《诗》之大意也。

【校勘记】

［1］韩诗外传云天子大社：浦镗《正误》云："案此见《周书·作洛》篇，《韩诗外传》无文。"《尚书·禹贡》徐州"厥贡惟土五色"，《正义》引《韩诗外传》云"天子社广五丈，东方青"云云，又引蔡邕《独断》云"天子大社以五色土为坛"云云，谓"是必古书有此说，故先儒之言皆同也"。《十三经注疏正字》于此所引《韩诗外传》则云："案《韩诗外传》无文，《白虎通·社稷》篇引《春秋传》有此，又见《周书·作洛》篇。"今按：本疏引《韩诗外传》云云，盖袭自《尚书正义》也。

［2］恒须戒惧："惧"字原作"慎"，阮校："石台本、岳本'惧'作'慎'，案《正义》亦云'义取为君常须戒慎'，此注及疏标起止作'戒惧'，非也。"今按：此句在此节中凡三见，注一见、标起止一见、疏中引述一见，此本及阮本仅标起止作"戒惧"，闽本、毛本、殿本则注亦作"戒惧"。卷子本作"恒慎戒惧"，杨守敬云："此本'慎'为'须'字之误，至'戒惧'分承上'战'、'兢'二项，玩注文自见，'惧'字必非'慎'误，此石台本之不可从者。"杨说是。此本标起止既作"戒惧"，则《正义》所据本之注当亦作"戒惧"也，至文中作"戒慎"者，盖合成注疏之注本作"戒慎"，后人见而追改之也，故据改。

［3］此依正义：阮校："浦镗云：'正'疑'王'字误。案浦说是也。"今按：本疏惯用"此依某注"，称"此依王注义"二见，谓"此依常义"一见，故云"此依王义"不合疏例，阮说非。殿本作"此依正文"，亦非。疑此处之"正义"谓常义，或即"常义"之讹。

卷第三

庶人章第六

【疏】

“庶”者众也，谓天下众人也。皇侃云：“不言众民者，兼包府史之属，通谓之庶人也。”严植之以为士有员位，人无限极，故士以下皆为庶人。

用天之道①，分地之利②，谨身节用以养父母③，此庶人之孝也④。

【注】

①春生、夏长、秋敛、[1]冬藏，举事顺时，此用天道也。

②分别五土，视其高下，各尽所宜，此分地利也。

③身恭谨则远耻辱，用节省则免饥寒，公赋既充则私养不阙。

④庶人为孝，唯此而已。

【疏】

“用天”至“孝也”　夫子陈述士之行孝已毕，次明庶人之行孝也。言庶人服田力穑，当须用天之四时生成之道也，分地五土所宜之利，谨慎其身、节省其用以供养其父母，此则庶人之孝也。《援神契》云“庶人行孝曰‘畜’”，以畜养为义，言能躬耕力农，以畜其德而养其亲也。

注“春生”至“道也” 云“春生、夏长、秋敛、冬藏”者，此依郑注也。《尔雅·释天》云：“春为发生，夏为长毓，秋为收成，冬为安宁。”“安宁”即藏闭之义也。云“举事顺时，此用天道也”者，谓举农亩之事，顺四时之气，春生则耕种，夏长则耘苗，秋收则获刈，冬藏则入廪也。

注“分别”至“利也” 云“分别五土，视其高下”者，此依郑注也。案《周礼》大司徒辨五土，一曰山林、二曰川泽、三曰丘陵、四曰坟衍、五曰原隰。谓庶人须能分别，视此五土之高下，随所宜而播种之，则职方氏所谓青州“其谷宜稻麦”、雍州“其谷宜黍稷”之类是也。云“各尽所宜，此分地利也”者，此依孔传也。刘炫云：“黍稷生于陆，菰稻生于水。”

注“身恭”至“不阙” 云“身恭谨则远耻辱”者，《论语》曰：“恭近于礼，远耻辱也。”云“用节省则免饥寒”者，“用”谓庶人衣服、饮食、丧祭之用，当须节省。《礼记》曰“食节事时”，又曰“庶人无故不食珍”及“三年之耕必有一年之食，九年耕必有三年之食，以三十年之通，虽有凶旱水溢，民无菜色”，是“免饥寒”也。云“公赋既充则私养不阙”者，“赋”者，自上税下之名也。谓常省节财用，公家赋税充足，而私养父母不阙乏也。《孟子》曰“周人百亩而彻，其实皆什一也”，赵岐注云“家耕百亩，彻取十亩以为赋也”，又云“公事毕，然后敢治私事”是也。

注“庶人”至“而已” 此依魏注也。案天子、诸侯、卿大夫、士皆言“盖”，而庶人独言“此”，注释言“此”之意也。谓天子至士，孝行广大，其章略述宏纲，所以言“盖”也；庶人用天分地，谨身节用，其孝行已尽，故曰“此”，言惟此而已。《庶人》不引《诗》者，义尽于此，无赘词也。

故自天子至于庶人，孝无终始，而患不及者，未之有也①。

【注】

①始自天子终于庶人，尊卑虽殊，孝道同致，而患不能及者，未之有也。言无此理，故曰未有。

【疏】

"故自"至"有也"　夫子述天子、诸侯、卿大夫、士、庶人行孝毕，于此总结之，言其五等尊卑虽殊，至于奉亲，其道不别，故从天子已下至于庶人，其孝道则无终始、贵贱之异也。或有自患已身不能及于孝，未之有也，自古及今未有此理，盖是勉人行孝之辞也。

注"始自"至"未有"　云"始自天子终于庶人"者，谓五章以天子为始、庶人为终也。云"尊卑虽殊，孝道同致"者，谓天子、庶人尊卑虽别，至于行孝，其道不殊。天子须爱亲敬亲，诸侯须不骄不溢，卿大夫于言行无择，士须资亲事君，庶人谨身节用，各因心而行之斯至，岂藉创物之智、扛鼎之力？若率强之，无不及也。云"而患不能及者，未之有也"者，此谓人无贵贱尊卑，行孝之道同致，若各率其已分则皆能养亲，言患不及于孝者未有也。《礼记》说孝道包含之义广大，"塞乎天地"、"横乎四海"。经言"孝无终始"，谓难备终始，但不致毁伤、立身行道，安其亲、忠于君，一事可称，则行成名立，不必终始皆备也。此言行孝甚易，无不及之理，故非孝道不终始致必及之患也。云"言无此理，故曰未有"者，此释"未之有"之意也。谢万以为"无终始"，恒患不及；"未之有"者，少贱之辞也。刘瓛云："礼不下庶人。若言我贱而患行孝不及已者，未之有也。"此但得忧不及之理，而失于叹少贱之义也。郑曰：[2]"诸家皆以为患及身，今注以为自患不及，将有说乎？"答曰："案《说文》云'患，忧也'，《广雅》曰'患，恶也'。又若案注说，释‘不及’之义凡有四焉，大意皆谓有患贵贱行孝无及之忧，非以患为祸也。经传之称‘患’者多矣，《论语》‘不患人之不已知’，又曰‘不患无位’，又曰‘不患寡而患不均’，《左传》曰‘宣子患之’，皆是忧恶之辞也。惟《苍颉篇》谓患为祸，孔、郑、韦、王之学引之以释此经，故皇侃曰‘无始有终，谓改悟之善，恶祸何必及之’，则无始之言已成空设也。《礼·祭义》：‘曾子说孝曰：众之本教曰孝，其行曰养。养可能也，敬为难；敬可能也，安为难；安可能也，卒为难。父母既没，慎行其身，不遗父母恶名，可谓能终矣。’夫以曾参行孝，亲承圣人之意，至于能终孝道，尚以为难，则寡能无识，固非所企也。今为行孝不终，祸患必及。此人偏执，讵谓经通？”郑曰：“《书》云‘天道福善祸淫’，又曰‘惠迪吉，从逆凶，惟影响’，斯则必有灾祸，何得称无也？”答曰：“来问指淫凶悖慝之伦，经言戒不终善美之辈。《论语》曰‘今之孝者是谓能养’，曾子曰‘参，直养者也，安能为孝乎’，又此章云‘以养父母，此庶人之孝也’。倘有能养而不能终，只可未为具美，无宜即同淫慝也。古今凡庸，讵识孝道？但使能养，安知始终？若今皆及于灾，便是比屋可贻祸矣。而当朝通识者以为郑注非误，故谢万云：‘言为人无终始者，谓孝行有终始也。患不及者，谓用心忧不足也。能行如此之善，曾子所以称难，故郑注云：善未有也。’谛详此义，将谓不然。何者？孔圣垂文，包于上下，尽力随分，宁限高卑？则因心而行，无不及也。如依谢万之说，此则常情所昧矣。子夏曰：‘有始有卒者，其惟圣人乎？’若施化惟待圣人，千载方期一遇，‘加于百姓’、‘刑于四海’乃为虚说者与。”《制旨》曰：“嗟乎！孝之为大，若天之不可逃也，地之不可远也。朕穷五孝之说，人无贵贱，行无终始，未有不由此道而能立其身者。然则圣人之德岂云远乎？我欲之而斯至，何患不及于己者哉。”

三才章第七

【疏】

天地谓之“二仪”，兼人谓之“三才”。曾子见夫子陈说五等之孝既毕，乃发叹曰：“甚哉！孝之大也。”夫子因其叹美，乃为说天经、地义、人行之事，可教化于人，故以名章，次五孝之后。

曾子曰：甚哉！孝之大也①。

子曰：夫孝，天之经也，地之义也，民之行也②。天地之经而民是则之③，则天之明、因地之利，以顺天下，是以其教不肃而成，其政不严而治④。

【注】

①参闻行孝无限高卑，始知孝之为大也。

②经，常也。利物为义。孝为百行之首，人之常德，若三辰运天而有常，五土分地而为义也。

③天有常明，地有常利，言人法则天地，亦以孝为常行也。

④法天明以为常，因地利以行义，[3]顺此以施政教，则不待严肃而成理也。

【疏】

“曾子曰”至“而治”　夫子述上从天子、下至庶人五等之孝，后总以结之，语势将毕，欲以更明孝道之大，无以发端，特假曾子叹孝之大，更以弥大之义告之也，曰：夫孝，天之经，地之义，民之行。经，常也。人生天地之间，禀天地之气节，人之所法，是天地之常义也。圣人司牧黔庶，故法则天之常明、因依地之义利，以顺行于天下。是以其为教也，不待肃戒而自成也；其为政也，不假威严而自理也。

注“参闻”至“大也”　“高”谓天子，“卑”谓庶人。言曾参既闻夫子陈说天子、庶人皆当行孝，始知孝之为大也。

注“经常”至“义也”　云“经，常也。利物为义”者，“经，常”即书传通训也。《易·文言》曰“利物足以和义”，是“利物为义”也。云“孝为百行之首，人之常德”者，郑注《论语》云：“孝为百行之本，言人之为行，莫先于孝。”案《周易》曰“常其德，贞”，孝是人之常德也。云“若三辰运天”者，谓日、月、星以时运转于天。云“五土分地”者，《释名》云：“土者吐也，言吐生万物。”《周礼》五土分地之利。言孝为百行之首，是人生有常之德，若日月星辰运行于天而有常，山川原隰分别土地而为利，则知贵贱虽别，必资孝以立身，皆贵法则于天地。然此经全与《左传》郑子大叔答赵简子问礼同，其异一两字而已，明孝之与礼，其义同。

注“天有”至“行也”　云“天有常明”者，谓日月星辰照临于下，纪于四时，人事则之，以“夙兴夜寐，无忝尔所生”，故下文云“则天之明”也。云“地有常利”者，谓山川原隰、动植物产，人事因之，以晨羞夕膳而色养无违，故下文云“因地之利”也。此皆人能法则天地以为孝行者，故云“亦以孝为常行也”。上云“天之经，地之义”，此云“天地之经”而不言“义”者，为地有利物之义，亦是天常也，若分而言之则为义，合而言之则为常也。

注“法天”至“理也”　云“法天明以为常，因地利以行义”者，上文云“夫孝，天之经，地之义”者，故云“法天明以为常”，释“天之明”也；“因地利以为义”，释“地之利”也。云“顺此以施政教，则不待严肃而成理也”者，经云“其教不肃而成，其政不严而治”，注则以政教相就而明之，严肃相连而释之，从便宜省也。《制旨》曰：“天无立极之统，无以常其明；地无立极之统，无以常其利；人无立身之本，无以常其德。然则三辰迭运而一以经之者，大利之性也；五土分植而一以宜之者，大顺之理也；百行殊涂而一以致之者，大中之要也。夫爱始于和而敬生于顺，是以因和以教爱，则易知而有亲；因顺以教敬，则易从而有功，爱敬之化行而礼乐之政备矣。圣人则天之明以为经，因地之利以行义，故能不待严肃而成可久可大之业焉。”

先王见教之可以化民也①，是故先之以博爱而民莫遗其亲②，陈之以德义而民兴行③，先之以敬让而民不争④，[4]导之以礼乐而民和睦⑤，示之以好恶而民知禁⑥。

【注】

①见因天地教化人之易也。

②君爱其亲，则人化之，无有遗其亲者。

③陈说德义之美，为众所慕，则人起心而行之。

④君行敬让，则人化而不争。

⑤礼以检其迹，乐以正其心，则和睦矣。

⑥示好以引之，示恶以止之，则人知有禁令，不敢犯也。

【疏】

“先王”至“知禁”　言先王见因天地之常，不肃、不严之政教可以率先化下人也，故须身行博爱之道以率先之，则人渐其风教，无有遗其亲者。于是陈说德义之美，以顺教诲人，则人起心而行之也。先王又以身行敬让之道以率先之，则人渐其德而不争竞也。又导之以礼乐之教，正其心迹，则人被其教，自和睦也。又示之以好者必爱之，恶者必讨之，则人见之而知国有禁也。

注“见因”至“易也”　此依郑注也。言先王见天明、地利有益于人，因之以施化，行之甚易也。

注“君爱”至“亲者” 此依王注也。言君行博爱之道则人化之，皆能行爱敬，无有遗忘其亲者，即《天子章》之“爱敬尽于事亲，而德教加于百姓”是也。

注“陈说”至“行之” 《易》称“君子进德修业”，又《论语》云“义以为质”，又《左传》说赵衰荐郤縠云：“说礼乐而敦《诗》《书》。《诗》《书》，义之府也；礼乐，德之则也。德义，利之本也。”且德义之利是为政之本也。言大臣陈说德义之美，是天子所重，为群情所慕，则人起发心志而效行之。

注“君行”至“不争” 此依魏注也。案《礼记·乡饮酒义》云：“先礼而后财，则民作敬让而不争矣。”言君身先行敬让，则天下之人自息贪竞也。

注“礼以”至“睦矣” 此依魏注也。案《礼记》云“乐由中出，礼自外作”，“中”谓心在其中也，“外”谓迹见于外也。由心以出者，宜听乐以正之；自迹以见者，当用礼以检之。“检之”谓检束也。言心迹不违于礼乐，则人当自和睦也。

注“示好”至“犯也” 云“示好以引之，示恶以止之”者，案《乐记》云：“先王之制礼乐也，将以教民平好恶而反人道之正也。”故示有好必赏之，令以引喻之，使其慕而归善也；示有恶必罚之，禁以惩止之，使其惧而不为也。云“则人知有禁令，不敢犯也”者，谓人知好恶而不犯禁令也。

《诗》云：“赫赫师尹，民具尔瞻①。”

【注】

①赫赫，明盛貌也。尹氏为太师，周之三公也。义取大臣助君行化，人皆瞻之也。

【疏】

“诗云”至“尔瞻” 夫子既述先王以身率下先，及大臣助君行化之义毕，乃引《小雅·节南山》诗以证成之。赫赫，明盛之貌也。师尹，太师尹氏也。言助君行化，为人模范，故人皆瞻之。

注“赫赫”至“之也” “赫赫，明盛貌也。尹氏为太师，周之三公也”者，此毛传文。太师、太傅、太保，是周之三公。尹氏时为太师，故曰“师尹”也。云“义取大臣助君行化，人皆瞻之也”者，引《诗》大意如此。孔安国曰：“具，皆也。尔，女也。”“人具尔瞻”，谓人皆瞻女也。此章再言“先之”，是君身行率先于物也；“陈之”、“导之”、“示之”，是大臣助君为政也。案《大戴礼》云：“昔者舜左禹而右皋陶，不下席而天下大治。夫政之不中，君之过也；政之既中，令之不行，职事者之罪也。”后引《周礼》称“三公无官属，与王同职，坐而论道”。又案《尚书·益稷》篇称“帝曰‘吁！臣哉邻哉，邻哉臣哉’”，又曰“臣作朕股肱耳目”，孔传曰“言君臣道近，相须而成”，“言大体若身”，君任股肱，臣戴元首之义也。故《礼·缁衣》称“上好是物，下必有甚者矣。故上之好恶不可不慎也，是民之表也。《诗》云：‘赫赫师尹，民具尔瞻。’《甫刑》曰：‘一人有庆，兆民赖之。’”《缁衣》之引《诗》、《书》，是明下民从上之义。师尹，大臣也；一人，天子也。谓人君为政，有身行之者，有大臣助行之者。人之从上，非惟从君，亦从论道之大臣，故并引以结之也。此章上言先王、下引师尹，则知君臣同体，相须而成者，谓此也。皇侃以为无先王在上之诗，故断章引太师之什，今不取也。

【校勘记】

[1] 秋敛：阮云："石台本作'秋收'，郑注本同。案《正义》云'此依郑注也'，则当作'秋收'，岳本改为'秋敛'，非。"今按：阮说是，然《释文》出"秋收"，云"本作'敛'"，是郑注本亦有作"敛"者，而本疏下文亦引作"秋敛"，则《正义》所据本之注如此，故不改。

[2] 郑曰：阮福云："疏内两'郑曰'皆有误，皆当云'主郑者曰'，盖唐人问难之辞，不然，郑注内不应有'诸家'二字。元行冲等驳之，所以傅会《制旨》，即《御制序》内所云'今存于疏，用广发挥'也，而今人或即辑为郑注，误矣。"其说甚辩，是也。

[3] 因地利以行义：下文引作"因地利以为义"，察本节疏中，一则谓"因依地之义利"，再则谓"山川原隰分别土地而为利"，皆无"行"义而近于"为"，颇疑"行"乃"为"之讹。

[4] 先之以敬让而民不争：于鬯《香草校书》卷五一云："此'先'字与上文'先之以博爱'犯复，疑本是'行'字，观注云'君行敬让'可见。玄宗此注，邢义谓依魏注，然则魏真克本此'先'字作'行'矣，今本即涉上文'先'字而误也。"其说是，然下节疏又谓"此章再言'先之'"，则《正义》所据本已作"先"矣。

卷第四

孝治章第八

【疏】

夫子述此明王以孝治天下也。前章明先王因天地、顺人情以为教，此章言明王由孝而治，故以名章，次《三才》之后也。

子曰：昔者明王之以孝治天下也①，不敢遗小国之臣，而况于公、侯、伯、子、男乎②？故得万国之欢心，以事其先王③。

【注】

①言先代圣明之王以至德要道化人，是为孝理。

②小国之臣，至卑者耳，王尚接之以礼，况于五等诸侯，是广敬也。

③万国，举其多也。言行孝道以理天下，皆得欢心，则各以其职来助祭也。

【疏】

"子曰"至"先王"　此章之首称"子曰"者，为事讫，更别起端首故也。言昔者圣明之王能以孝道治于天下，大教接物，故不敢遗小国之臣，而况于五等之君乎？言必礼敬之。明王能如此，故得万国之欢心，谓各修其德，尽其欢心而来助祭，以事其先王。经"先王”有六焉，一曰“先王有至德”，二曰“非先王之法服”，三曰“非先王之法言”，四曰“非先王之德行”，五曰“先王见教之”，此皆指先代行孝之王。此章云“以事其先王”，则指行孝王之祖考。

注“言先”至“孝理” 此释“孝治”之义也。《国语》云：“古曰在昔，昔曰先民。”《尚书·洪范》云：“睿作圣。”《左传》：“照临四方曰‘明’。”“昔者”非当时代之名，“明王”则圣王之称也，是泛指前代圣王之有德者。经言“明王”，还指首章之“先王”也。以代言之谓之“先王”，以圣明言之则为“明王”，事义相同，故注以“至德要道”释之。

注“小国”至“敬也” 此依王注义也。五等诸侯则公、侯、伯、子、男，旧解云：“公者，正也，言正行其事。侯者，候也，言斥候而服事。伯者，长也，为一国之长也。子者，字也，言字爱于小人也。男者，任也，言任王之职事也。”爵则上皆胜下，若行事亦互相通。《舜典》曰“辑五瑞”，孔安国曰：“舜敛公、侯、伯、子、男之瑞圭璧。”斯则尧、舜之代已有五等诸侯也。《论语》云：“殷因于夏礼，周因于殷礼。”案《尚书·武成》篇云：“列爵惟五，分土惟三。”郑注《王制》云：“殷所因夏爵，三等之制也，是有公、侯、伯而无子、男。武王增之，总建五等，时九州界狭，故土惟三等，则《王制》云‘公、侯方百里，伯七十里，子、男五十里’。至周公摄政，斥大九州之界，增诸侯之大者地方五百里，侯四百里，伯三百里，子二百里，男百里。”然据郑玄，夏、殷不建子、男，武王复增之也。案五等，公为上等，侯、伯为次等，子、男为下等，则“小国之臣”谓子、男卿大夫，况此诸侯则至卑也。《曲礼》云“列国之大夫入天子之国曰某士”，诸侯言“列国”者，兼小大，是小国之卿大夫有见天子之礼也。言虽至卑，尽来朝聘，则天子以礼接之。案《周礼·掌客》云：上公饔饩九牢、飧五牢，侯、伯饔饩七牢、飧四牢，子、男饔饩五牢、飧三牢，三等。其五等之介、行人、宰史皆有飧、饔饩，唯上介有禽献。其卿大夫、士有特来聘问者，则待之如其为介时也。是待诸侯及其臣之礼，是皆广敬之道也。

注“万国”至“祭也”　云“万国，举其多也”者，此依魏注也。《诗》、《书》之言“万国”者多矣，亦犹言万方，是举多而言之，不必数满于万也。皇侃云：“《春秋》称‘禹会诸侯于涂山，执玉帛者万国’，言禹要服之内，地方七千里而置九州。九州之中，有方百里、七十里、五十里之国，计有万国也。”因引《王制》殷之诸侯有千七百七十三国也，《孝经说》周诸侯有千八百国，[1]所以证万国为夏法也。信如此说，则《周颂》云“绥万邦”，《六月》云“万邦为宪”，岂周之代复有万国乎？今不取也。云“言行孝道以理天下，皆得欢心，则各以其职来助祭也”者，言明王能以孝道理于天下，则得诸侯之欢心，以事其先王也。“各以其职来助祭”者，谓天下诸侯各以其所职贡来助天子之祭也。知者，《礼器》云“大飨，其王事与”，注云：“盛其馔与贡，谓祫祭先王。”又云“三牲、鱼腊，四海九州之美味也；笾豆之荐，四时之和气也”，注云：“此馔诸侯所献。”又云“内金，示和也”，注云：“此所贡也，内之庭实，先设之。金从革，性和。荆、扬二州贡金三品。”又云“束帛加璧，尊德也”，注云：“贡享所执致命者，君子于玉比德焉。”又云“龟为前列，先知也”，注云：“龟知事情者，陈于庭在前。荆州纳锡大龟。”又云“金次之，见情也”，注云：“金照物。金有两义，先入后设。”又云“丹、漆、丝、纩、竹、箭，与众共财也”，注云：“万民皆有此物。荆州贡丹，兖州贡漆、丝，豫州贡纩，扬州贡篠簜。”又云“其馀无常货，各以国之所有，则致远物也”，注云：“‘其馀’谓九州之外夷服、镇服、蕃服之国。《周礼》‘九州之外谓之蕃国，世一见，各以其所贡宝为贽’。周穆王征犬戎，得白狼、白鹿，近之。”《大传》云：“遂率天下诸侯，执豆笾骏奔走。”又《周颂》曰：“骏奔走在庙。”此皆助祭者也。

治国者不敢侮于鳏寡，而况于士民乎①？故得百姓之欢心，以事其先君②。

【注】

①“理国”谓诸侯也。鳏寡，国之微者，君尚不敢轻侮，况知礼义之士乎？

②诸侯能行孝理，得所统之欢心，则皆恭事助其祭享也。

【疏】

“治国者”至“先君”　此说诸侯之孝治也。言诸侯以孝道治其国者，尚不敢轻侮于鳏夫寡妇，而况于知礼义之士民乎？亦言必不轻侮也。以此故得其国内百姓欢悦，以事其先君也。

注“理国”至“士乎”　云“‘理国’谓诸侯也”者，此依魏注也。案《周礼》云“体国经野”，《诗》曰“生此王国”，是其天子亦言国也。《易》曰“先王以建万国、亲诸侯”，是诸侯之国。上言明王“理天下”，此言“理国”，故知诸侯之国也。云“鳏寡，国之微者，君尚不敢轻侮”者，案《王制》云：“老而无妻者谓之鳏，老而无夫者谓之寡，此天民之穷而无告者也。”则知鳏夫寡妇是国之微贱者也。言微贱之者国君尚不轻侮，况知礼义之士乎？释经之“士民”，《诗》云“彼都人士”，《左传》曰“多杀国士”，此皆泛指有知识之人，不必居官授职之士。旧解：“士知义理。”又曰：“士，丈夫之美称。”故注言“知礼义之士乎”，谓民中知礼义者。

注“诸侯”至“享也”　云“诸侯能行孝理，得所统之欢心”者，此言诸侯孝治其国，得百姓之欢心也。一国百姓皆是君之所统理，故以“所统”言之，孔安国曰“亦以相统理”是也。云“则皆恭事助其祭享也”者，“祭享”谓四时及禘祫也。于此祭享之时，所统之人则皆恭其职事，献其所有以助于君，故云“助其祭享”也。

治家者不敢失于臣妾，而况于妻子乎[1]？故得人之欢心，以事其亲[2]。

【注】

①“理家”谓卿大夫。臣妾，家之贱者；妻子，家之贵者。

②卿大夫位以材进，受禄养亲，若能孝理其家，则得小大之欢心，助其奉养。

【疏】

“治家者”至“其亲”　此说卿大夫之孝治也。言以孝道理治其家者，不敢失于其家臣妾之贱者，而况于妻子之贵者乎？言必不失也。故得其家之欢心，以承事其亲也。

注“理家”至“贵者”　云“‘理家’谓卿大夫”者，此依郑注也。案下章云“大夫有争臣三人，虽无道，不失其家”，《礼记·王制》曰“上大夫卿”，则知“治家”谓卿大夫。云“臣妾，家之贱者”，案《尚书·费誓》曰“窃马牛，诱臣妾”，孔安国云：“诱偷奴婢。”既以臣妾为奴婢，是“家之贱者”也。云“妻子，家之贵者”，案《礼记》哀公问于孔子，孔子对曰：“妻者亲之主也，敢不敬与？子者亲之后也，敢不敬与？”是“妻子，家之贵者”也。

注“卿大夫”至“奉养”　云“卿大夫位以材进”者，案《毛诗》传曰“建邦能命龟，田能施命，作器能铭，使能造命，升高能赋，师旅能誓，山川能说，丧纪能诔，祭祀能语，君子能此九者，可谓有德音，可以为大夫”，是“位以材进”也。云“受禄养亲”者，若能孝理其家，则受其所禀之禄以养其亲。云“若能孝理其家，则得小大之欢心”者，谓小大皆得其欢心，“小”谓臣妾，“大”谓妻子也。云“助其奉养”者，案《礼记·内则》称子事父母，妇事舅姑，曰以“鸡初鸣，咸盥漱，以适父母、舅姑之所。问衣燠寒，饘、酏、酒、醴、芼、羹，菽、麦、蕡、稻、黍、粱、秫唯所欲，枣、栗、饴、蜜以甘之，父母、舅姑必尝之而后退”，此皆奉养事亲也。天子诸侯继父而立，故言“先王”、“先君”也；大夫唯贤是授，居位之时，或有俸禄以逮于亲，故言“其亲”也。注顺经文，所以言“助其奉养”，此谓事亲生之义也，若亲以终没，亦当言助其祭祀也。明王言“不敢遗小国之臣”、诸侯言“不敢侮于鳏寡”、大夫言“不敢失于臣妾”者，刘炫云：“‘遗’谓意不存录，‘侮’谓忽慢其人，‘失’谓不得其意。小国之臣位卑，或简其礼，故云‘不敢遗’也；鳏寡，人中贱弱，或被人轻侮欺陵，故曰‘不敢侮’也；臣妾营事产业，宜须得其心力，故云‘不敢失’也。”明王“况公侯伯子男”、诸侯“况士民”、卿大夫“况妻子”者，以王者尊贵故况列国之贵者，诸侯差卑故况国中之卑者；以五等皆贵故况其卑也，大夫或事父母故况家人之贵者也。

夫然，故生则亲安之，祭则鬼享之①，是以天下和平，灾害不生，祸乱不作②，故明王之以孝治天下也如此③。

【注】

①“夫然”者，然上孝理皆得欢心，则存安其荣，没享其祭。

②上敬下欢，存安没享，人用和睦，以致太平，则灾害、祸乱无因而起。

③言明王以孝为理，则诸侯以下化而行之，故致如此福应。

【疏】

“夫然”至“如此” 此总结天子、诸侯、卿大夫之孝治也。言明王孝治天下，则诸侯以下各顺其教，皆治其国家也，如此各得欢心，亲若存则安其孝养，没则享其祭祀，故得和气降生，感动昭昧，是以普天之下和睦太平，灾害之萌不生，祸乱之端不起，此谓明王之以孝治天下也，能致如此之美。

注“夫然者”至“其祭”　云“‘夫然’者，然上孝理皆得欢心”者，此谓明王、诸侯、大夫能行孝治皆得其欢心也。云“则存安其荣”者，释“生则亲安之”；云“没享其祭”者，释“祭则鬼享之”也。

注“上敬”至“而起”　此释“天下和平”，以皆由明王孝治之所致也。皇侃云：“天反时为灾，谓风雨不节；地反物为妖，妖即害物，谓水旱伤禾稼也。善则逢殃为祸，臣下反逆为乱也。”

注“言明”至“福应”　云“言明王以孝为理，则诸侯以下化而行之”者，案上文有明王、诸侯、大夫三等，而经独言明王孝治如此者，言由明王之故也，则诸侯以下奉而行之，而功归于明王也。云“故致如此福应”者，“福”谓天下和平，“应”谓灾害不生、祸乱不作。

《诗》云：“有觉德行，四国顺之①。”

【注】

觉，大也。义取天子有大德行，则四方之国顺而行之。

【疏】

“诗云”至“顺之”　夫子述昔时明王孝治之义毕，乃引《大雅·抑》篇赞成之也。[2]言天子身有至大德行，则四方之国皆顺而行之。

注“觉大”至“行之”　云“觉，大也”者，此依郑注也。故《诗》笺云：“有大德行，则天下顺从其化。”是以觉为大也。云“义取天子有大德行，则四方之国顺而行之”者，言引《诗》之大意如此也。

【校勘记】

[1]孝经说周诸侯有千八百国："说"字原作"称"，"千"上原有"九"字，按《礼记·王制》郑注"《孝经说》曰'周千八百诸侯布列五千里内'"，孔疏："云'《孝经说》曰周千八百诸侯布列五千里内'者，此《孝经纬》文。"《汉书·地理上》亦谓"周爵五等而土三等，公、侯百里，伯七十里，子、男五十里，不满为附庸，盖千八百国"，据以改、删。

[2]赞成之也：阮校："闽本、监本、毛本作'赞美之也'。"今按：各章引诗、书，疏或称"证成之"（省曰"证之"），或云"赞美之"，或谓"结成其义"（省曰"结之"），此处未能判定其为"赞美之"抑"证成之"，姑仍其旧。

卷第五

圣治章第九

【疏】

此言曾子闻明王孝治以致和平，因问圣人之德更有大于孝否？夫子因问而说圣人之治，故以名章，次《孝治》之后。

曾子曰：敢问圣人之德，无以加于孝乎①？

【注】

①参闻明王孝理以致和平，又问圣人德教更有大于孝否？

子曰：天地之性人为贵①。人之行莫大于孝②，孝莫大于严父③，严父莫大于配天，则周公其人也④。

【注】

①贵其异于万物也。

②孝者德之本也。

③万物资始于乾，人伦资父为天，故孝行之大，莫过尊严其父也。

④谓父为天，虽无贵贱，然以父配天之礼始自周公，故曰“其人”也。

【疏】

“曾子”至“其人也” 夫子前说孝治天下能致灾害不生、祸乱不作，是言德行之大也，将言圣德之广不过于孝，无以发端，故又假曾子之问曰：圣人之德更有加于孝乎？乎犹否也。夫子承问而释之曰：天地之性人为贵。性，生也。言天地之所生，唯人最贵也。人之所行者，莫有大于孝行也；孝行之大者，莫有大于尊严其父也；严父之大者，莫有大于以父配天而祭也。言以父配天而祭之者，则文王之子、成王叔父周公是其人也。

注“贵其”至“物也” 此依郑注也。夫称“贵”者，是殊异可重之名。案《礼运》曰：“人者五行之秀气也”，《尚书》曰“惟天地万物父母，惟人万物之灵”，是异于万物也。

注“万物”至“父也” 云“万物资始于乾”者，《易》云“大哉乾元，万物资始”是也。云“人伦资父为天”者，《曲礼》曰“父之雠弗与共戴天”，郑玄曰：“父者子之天也，杀己之天，与共戴天，非孝子也。”杜预注《左氏传》曰：“妇人在室则天父，出则天夫。”是人伦资父为天也。云“故孝行之大，莫过尊严其父也”者，尊谓崇也；严，敬也。父既同天，故须尊严其父，是孝行之大也。

注“谓父”至“人也” 云“谓父为天，虽无贵贱”者，此将释配天之礼始自周公，故先张此文，言人无限贵贱，皆得谓父为天也。云“然以父配天之礼始自周公，故曰‘其人’也”者，但以父配天，偏检群经，更无殊说。案《礼记》有虞氏尚德，不郊其祖，夏、殷始尊祖于郊，无父配天之礼也，周公大圣而首行之。礼无二尊，既以后稷配郊天，不可又以文王配之。五帝，天之别名也，因享明堂而以文王配之，是周公严父配天之义也，亦所以申文王有尊祖之礼也。经称“周公其人”，注顺经旨，故曰“始自周公”也。

昔者周公郊祀后稷以配天[①]，宗祀文王于明堂以配上帝[②]，是以四海之内各以其职来助祭[③]，夫圣人之德又何以加于孝乎[④]？

【注】

①后稷，周之始祖也。“郊”谓圜丘祀天也。周公摄政，因行郊天之祭，乃尊始祖以配之也。

②明堂，天子布政之宫也。周公因祀五方上帝于明堂，乃尊文王以配之也。

③君行严配之礼，则德教刑于四海，海内诸侯各修其职来助祭也。

④言无大于孝者。

【疏】

“昔者”至“孝乎”　前陈周公以父配天，因言配天之事。自昔武王既崩，成王年幼即位，周公摄政，因行郊天祭礼，乃以始祖后稷配天而祀之，因祀五方上帝于明堂之时，乃尊其父文王以配而享之。尊父祖以配天，崇孝享以致敬，是以四海之内有土之君各以其职贡来助祭也。既明圣治之义，乃总其意而答之也。周公，圣人，首为尊父配天之礼，以极于孝敬之心，则夫圣人之德又何以加于孝乎？是言无以加也。

注“后稷”至“配之”　云“后稷，周之始祖也”者，案《周本纪》云：后稷名弃，其母有邰氏女，曰姜嫄，为帝喾元妃。出野见巨人迹，心忻然，欲践之，践之而身动如孕者。居期而生子，以为不祥，弃之隘巷，马牛过者皆辟不践；徙置之林中，适会山林多人；迁之而弃渠中冰上，飞鸟以其翼覆荐之。姜嫄以为神，遂收养长之。初欲弃之，因名曰“弃”。弃为儿，好种树麻、菽。及为成人，遂好耕农。帝尧举为农师，天下得其利，有功。帝尧曰：“弃，黎民阻饥，尔后稷播时百谷。”封弃于邰，号曰“后稷”。后稷曾孙公刘复修其业。自后稷至王季十五世而生文王，受命作周。案《毛诗·大雅·生民》之序曰：“《生民》，尊祖也。后稷生于姜嫄，文、武之功起于后稷，故推以配天焉。”是也。云“‘郊’谓圜丘祀天也”者，此孔传文。祀，祭也。祭天谓之“郊”。《周礼·大司乐》云：“凡乐，圜钟为宫，黄钟为角，大蔟为徵，姑洗为羽。靁鼓、靁鼗，孤竹之管，云和之琴瑟，《云门》之舞。冬日至，于地上之圜丘奏之，若乐六变则天神皆降，可得而礼矣。”《郊特牲》曰：“郊之祭也，迎长日之至也，大报天而主日也。兆于南郊，就阳位也。”又曰：“郊之祭也，大报本反始也。”言以冬至之后日渐长，郊祭而迎之，是建子之月则与经俱郊祀于天，明圜丘南郊也。云“周公摄政，因行郊天之祭，乃尊始祖以配之也”者，案《文王世子》称“仲尼曰：昔者周公摄政，践阼而治，抗世子法于伯禽，所以善成王也”，则郊祀是周公摄政之时也。《公羊传》曰：“郊则曷为必祭稷？王者必以其祖配。王者则曷为必以其祖配？自内出者无匹不行，自外至者无主不止。”言祭天则天神为客，是外至也，须人为主，天神乃止，故尊始祖以配天神，侑坐而食之。案《左氏传》曰“凡祀，启蛰而郊”，又云“郊祀后稷，以祈农事也”，而郑注《礼·郊特牲》乃引《易说》曰：“三王之郊，一用夏正，建寅之月也。此言迎长日者，建卯而昼夜分，分而日长也。”然则春分而长短分矣，此则迎在未分之前。“至”谓春分之日也。夫至者是长短之极也，明分者昼夜均也。分是四时之中，启蛰在建寅之月，过至而未及分，必于夜短方为日长，则《左氏传》不应言启蛰也。若以日长有渐，郊可预迎，则其初长宜在极短之日，故知《传》启蛰之郊是祈农之祭也，《周礼》冬至之郊是迎长日报本反始之祭也。郑玄以《祭法》有“周人禘喾”之文，遂变郊为祀感生之帝，谓东方青帝灵威仰，周为木德，威仰木帝，言以后稷配苍龙精也，王肃著论以驳之曰：“案《尔雅》曰‘祭天曰燔柴，祭地曰瘗薶’，又曰‘禘，大祭也’，谓五年一大祭之名。又《祭法》祖有功、宗有德，皆在宗庙，本非郊配。若依郑说，以帝喾配祭圜丘，是天之最尊也。周之尊帝喾不若后稷，今配青帝，乃非最尊，实乖严父之义也。且徧窥经籍，并无以帝喾配天之文。若帝喾配天，则经应云祀喾于圜丘以配天，不应云‘郊祀后稷’也。天一而已，故以所在祭，在郊则谓为圜丘，言于郊为坛，以象圜天。圜丘即郊也，郊即圜丘也。”其时中郎马昭抗章固执，当时勑博士张融质之。融称：“汉世英儒自董仲舒、刘向、马融之伦，皆斥周人之祀昊天于郊以后稷配，无如玄说配苍帝也。然则《周礼》圜丘即《孝经》之郊，圣人因尊事天，因卑事地，安能复得祀帝喾于圜丘，配后稷于苍帝之礼乎？且在《周颂》‘思文后稷，克配彼天’，又‘《昊天有成命》，郊祀天地也’，则郊非苍帝，通儒同辞，肃说为长。”伏以孝为人行之本，祀为国事之大。孔圣垂文，固非臆说；前儒诠证，各擅一家。自顷修撰，备经斟覆，究理则依王肃为长，从众则郑义已久。王义具《圣证》之论，郑义具于《三礼义宗》。王、郑是非，于《礼记》其义尤多，卒难详缕说。此略据机要，且举二端焉。

注“明堂”至“之也”　云“明堂，天子布政之宫也”者，案《礼记·明堂位》“朝诸侯于明堂之位，[1]天子负斧依南乡而立”，“明堂也者，明诸侯之尊卑也”，“制礼作乐，颁度量而天下大服”，知明堂是布政之宫也。云“周公因祀五方上帝于明堂，乃尊文王以配之也”者，“五方上帝”即是上帝也，谓以文王配五方上帝之神，侑坐而食也。案郑注《论语》云：“皇皇后帝，并谓太微五帝。在天为上帝，分王五方为五帝。”旧说明堂在国之南，去王城七里，以近为媟；南郊去王城五十里，以远为严。五帝卑于昊天，所以于郊祀昊天，于明堂祀上帝也。其以后稷配郊，以文王配明堂，义见于上也。五帝谓东方青帝灵威仰、南方赤帝赤熛怒、西方白帝白招拒、北方黑帝汁光纪、中央黄帝含枢纽。郑玄云：“明堂居国之南，南是明阳之地，故曰‘明堂’。”案《史记》云“黄帝接万灵于明庭”，“明庭”即明堂也。明堂起于黄帝。《周礼·考工记》曰：

“夏后曰世室，殷人重屋，周人明堂。”先儒旧说，其制不同。案《大戴礼》云：“明堂凡九室，一室而有四户八牖，三十六户七十二牖，以茅盖屋，上圆下方。”《援神契》云：“明堂上圜下方，八牖四闼。”《考工记》曰：“明堂五室。”称九室者，或云取象阳数也；八牖者，阴数也，取象八风也；三十六户，取象六甲之爻，[2]六六三十六也。上圜象天，下方法地，八牖者象八节也，四闼者象四方也。称五室者，取象五行。皆无明文也，以意释之耳。此言宗祀于明堂，谓九月大享灵威仰等五帝，以文王配之，即《月令》云“季秋大享帝”，注云：“偏祭五帝。”以其上言“举五谷之要，藏帝藉之收于神仓”，九月西方成事，终而报功也。

注“君行”至“祭也”　云“君行严配之礼”者，此谓宗祀文王于明堂以配天是也。云“则德教刑于四海，海内诸侯各修其职来助祭也”者，谓四海之内六服诸侯各修其职，贡方物也。案《周礼·大行人》“以九仪辨诸侯之命，庙中将币三享”，又曰侯服“贡祀物”，郑云“牺牲之属”；甸服“贡嫔物”，注云“丝枲也”；男服“贡器物”，注云“尊彝之属也”；采服“贡服物”，注云“玄纁絺纩也”；卫服“贡材物”，注云“八材也”；要服“贡货物”，注云“龟贝也”，此是六服诸侯“各修其职来助祭”。又若《尚书·武成》篇云“丁未，祀于周庙，邦、甸、侯、卫骏奔走执豆笾”，亦是助祭之义也。

故亲生之膝下，以养父母日严①。圣人因严以教敬，因亲以教爱②。圣人之教不肃而成，其政不严而治③，其所因者本也④。

【注】

①亲犹爱也。“膝下”谓孩幼之时也。言亲爱之心生于孩幼，比及年长，渐识义方，则日加尊严，能致敬于父母也。

②圣人因其亲严之心，敦以爱敬之教，故出以就傅、趋而过庭以教敬也，抑搔痒痛、悬衾箧枕以教爱也。

③圣人顺群心以行爱敬，制礼则以施政教，亦不待严肃而成理也。

④“本”谓孝也。

【疏】

“故亲”至“本也”　此更广陈严父之由。言人伦正性必在蒙幼之年，教之则明，不教则昧。言亲爱之心生在其孩幼膝下之时，于是父母则教示，比及年长，渐识义方，则日加尊严，能致敬于父母，故云“以养父母日严”也。是以圣人因其日严而教之以敬，因其知亲而教之以爱，故圣人因之以施政教，不待严肃自然成治也，然其所因者在于孝也。言本皆因于孝道也。

注“亲犹”至“母也”　云“亲犹爱也”者，嫌以“亲”为父母，故云“亲犹爱也”。云“‘膝下’谓孩幼之时也”者，案《内则》云：子生三月，“妻以子见于父，父执子之右手，孩而名之”。案《说文》云：“孩，小儿笑也。”谓指其颐下，令之笑而为之名，故知“‘膝下’谓孩幼之时也”。云“亲爱之心生于孩幼之时也”者，言孩幼之时已有亲爱父母之心生也。云“比及年长，渐识义方，则日加尊严，能致敬于父母也”者，《春秋左氏传》石碏曰：“臣闻，爱子，教之以义方。”方犹道也，谓教以仁义合宜之道也。其教之者，案《礼记·内则》：“子能饮食，教以右手；能言，男唯女俞、男鞶革女鞶丝。六年，教之数与方名。七年，男女不同席、不共食。八年，出入门户及即席饮食必后长者，始教之让。九年，教之数日。”又《曲礼》云：“幼子常视无诳，立必正方，不倾听，与之提携则两手奉长者之手，负剑辟咡诏之，则掩口而对。”注约彼文为说，故曰“日加尊严”，言子幼而诲，及长则能致敬其亲也。

注“圣人”至“爱也”　父子之道，简易则慈孝不接，狎则怠慢生焉，故“圣人因其亲严之心，敦以爱敬之教”也。云“出以就傅”者，案《礼记·内则》云“十年，出就外傅，居宿于外，学书计”，郑云：“外傅，教学之师也。”谓年十岁出就外傅，居宿于外，就师而学也。案“十年，出就外傅”指命士已上，今此引之则尊卑皆然也。云“趋而过庭以教敬也”者，言父之与子于礼不得常同居处也。案《论语》云：陈亢问于伯鱼曰：“子亦有异闻乎？”对曰：“未也。尝独立，鲤趋而过庭，曰：‘学《诗》乎？’对曰：‘未也。’‘不学《诗》，无以言。’鲤退而学《诗》。他日，又独立，鲤趋而过庭，曰：‘学礼乎？’对曰：‘未也。’‘不学礼，无以立。’鲤退而学礼。闻斯二者。”陈亢退而喜曰：“问一得三，闻《诗》，闻礼，又闻君子之远其子也。”故注约彼文以为说也。云“抑搔痒痛、悬衾箧枕以教爱也”者，此并约《内则》文，案彼云“以适父母、舅姑之所，及所，下气怡声，问衣燠寒，疾痛疴痒而敬抑搔之”，“父母、舅姑将坐，奉席请何乡。将衽，长者奉席请何趾，少者执床与坐，御者举几，敛席与簟，悬衾箧枕，敛簟而襡之”，郑注云：“须卧乃敷之也。襡，韬也。”是父母未寝，故衾被则悬，枕则置箧中。言子有近父母之道，所以教其爱也。夫爱以敬生，敬先于爱，无宜待教，而此言教爱者。《礼记·乐记》曰：“乐者为同，礼者为异。同则相亲，异则相敬。乐胜则流，礼胜则离。”“乐胜则流”是爱深而敬薄也，“礼胜则离”是严多而爱杀也，不教敬则不严，不教亲则忘爱，所以先敬而后爱也。旧注取《士章》之义而分爱、敬父母之别，此其失也。

注“圣人”至“理也”　云“圣人顺群心以行爱敬”者，“圣人”谓明王也。圣者通也，称“明王”者，言在位无不照也；称“圣人”者，言用心无不通也。“顺群心”者，则首章“以顺天下”是也；“以行爱敬”者，则天子能爱亲敬亲者是也。云“制礼则以施政教”者，则“德教加于百姓”是也。云“亦不待严肃而成理也”者，盖言王化顺此而行也。言“亦”者，《三才章》已有成理之言，故云

“亦”也。

注“本谓孝也” 此依郑注也。首章云：“夫孝，德之本也。”《制旨》曰：“夫人伦正性在蒙幼之中，导之斯通，壅之斯蔽。故先王慎其所养，于是乎有胎中之教、膝下之训，感之以惠和而日亲焉，期之以恭顺而日严焉。夫亲也者，缘乎正性而达人情者也，故因其亲严之心，教以爱敬之范，则不严而治、不肃而成。”谓其本于先祖也。

父子之道，天性也，君臣之义也①。父母生之，续莫大焉②；君亲临之，厚莫重焉③。

【注】

①父子之道，天性之常，加以尊严，又有君臣之义。

②父母生子，传体相续，人伦之道莫大于斯。

③谓父为君，以临于已，恩义之厚莫重于斯。

【疏】

“父子”至“重焉” 此言父子恩亲之情是天性自然之道，父以尊严临子，子以亲爱事父。尊卑既陈，贵贱斯位，则子之事父如臣之事君。《易》称“乾元资始”、“坤元资生”，又《论语》曰“子生三年，然后免于父母之怀”，是父母生已，传体相续，此为大焉。言有父之尊同君之敬，恩义之厚，此最为重也。

注“父子”至“之义” 云“父子之道，天性之常”者，父子之道自然慈孝，本乎天性，[3]则生爱敬之心，是常道也。云“加以尊严，又有君臣之义”者，言父子相亲本于天性，慈孝生于自然，既能尊严于亲，又有君臣之义。故《易·家人》卦曰“家人有严君焉，父母之谓也”，是谓父母为“严君”也。

注“父母”至“于斯”　案《说文》云：“续，连也。”言子继于父母，相连不绝也。《易》称“生生之谓‘易’”，言后生次于前也。此则传续之义也。

注“谓父”至“于斯”　上引《家人》之文，言人子之道于父母有严君之义，此章既陈圣治，则事系于人君也。案《礼记·文王世子》称“昔者周公摄政，抗世子法于伯禽，使之与成王居，欲令成王之知父子、君臣之义。君之于世子也，亲则父也，尊则君也，有父之亲、有君之尊，然后兼天下而有之”者，言既有天性之恩，又有君臣之义，厚重莫过于此也。

故不爱其亲而爱他人者，谓之悖德；不敬其亲而敬他人者，谓之悖礼[①]。以顺则逆，民无则焉[②]，不在于善而皆在于凶德[③]，虽得之，君子不贵也[④]。

【注】

①言尽爱敬之道，然后施教于人，违此则于德礼为悖也。

②行教以顺人心，今自逆之，则下无所法则也。

③“善”谓身行爱敬也，“凶”谓悖其德礼也。

④言悖其德礼，虽得志于人上，君子之不贵也。

【疏】

“故不”至“贵也”　此说爱敬之失，悖于德礼之事也。所谓“不爱、敬其亲”者，是君上不能身行爱敬也；而“爱他人”、“敬他人”者，是教天下行爱敬也。君自不行爱敬而使天下人行，是谓“悖德”、“悖礼”也。唯人君合行政教，以顺天下人心，今则自逆不行，翻使天下之人法行于逆道，故人无所法则，斯乃不在于善而皆在于凶德。“在”谓心之所在也，“凶”谓凶害于德也。如此之君，虽得志于人上，则古先哲王、圣人君子之所不贵也。

注“言尽”至“悖也”　云“言尽爱敬之道，然后施教于人”者，此依孔传也，则《天子章》言“爱敬尽于事亲，而德教加于百姓”是也。云“违此则于德礼为悖也”者，案《礼记·大学》云：“尧、舜率天下以仁而民从之，桀、纣率天下以暴而民从之，其所令反其所好而民不从。是故君子有诸己而后求诸人，无诸己而后非诸人，所藏乎身不恕而能喻诸人者，未之有也。”是知人君若违此不尽爱敬之道，而教天下人行爱敬，是悖逆于德礼也。

注“善谓”至“礼也”　云“‘善’谓身行爱敬也”者，谓身行爱敬乃为善也。云“‘凶’谓悖其德礼也”者，悖犹逆也，言逆其德礼则为凶也。

注“言悖”至“贵也”　云“悖其德礼”者，此依魏注也。谓人君不行爱敬于其亲，郑注云“悖若桀、纣”是也。云“虽得志于人上，君子之不贵也”者，言君行如此，是虽得志于臣人之上，幸免篡逐之祸，亦圣人、君子之所不贵，言贱恶之也。

君子则不然①，言思可道，行思可乐②，德义可尊，作事可法③，容止可观，进退可度④。以临其民，是以其民畏而爱之，则而象之⑤，故能成其德教而行其政令⑥。

【注】

①不悖德礼也。

②思可道而后言，人必信也；思可乐而后行，人必悦也。

③立德行义，不违道正，故可尊也；制作事业，动得物宜，故可法也。

④容止，威仪也，必合规矩则可观也；进退，动静也，不越礼

法则可度也。

⑤君行六事，临抚其人，则下畏其威、爱其德，皆放象于君也。

⑥上正身以率下，下顺上而法之，则德教成、政令行也。

【疏】

"君子"至"政令"　前说为君而为悖德礼之事，此言圣人君子则不然也。君子者，须慎其言行、动止、举措，思可道而后言，思可乐而后行，故德义可以尊崇，作业可以为法，威容可以观望，进退皆修礼法，以此六事君临其民，则人畏威而亲爱之，法则而象效之，故德教以此而成，政令以此而行也。

注"不悖德礼也"　此依魏注也。言君子举措皆合德礼，无悖逆也。

注"思可"至"悦也"　言者意之声也，[4]思者心之虑也，可者事之合也，"道"谓陈说也，"行"谓施行也，"乐"谓使人悦服也。《礼记·中庸》称天下至圣"言而民莫不信，行而民莫不说"也。

注"立德"至"可法也"　云"立德行义，不违道正，故可尊也"者，此依孔传也。刘炫云："德者得于理也，义者宜于事也。得理在于身，宜事见于外。"谓理得事宜，行道守正，故能为人所尊也。云"制作事业，动得物宜，故可法也"者，"作"谓造立也，"事"谓施为也。《易》曰"举而措之天下之民，谓之'事业'"，言能作众物之端，为器用之式，造立于己，成式于物，物得其宜，故能使人法象也。

注"容止"至"度也"　"容止，威仪也，必合规矩则可观也"者，此依孔传也。"容止"谓礼容所止也，《汉书·儒林传》云"鲁徐生善为容，以容为礼官大夫"是也。"威仪"即《仪礼》也，《中庸》云"威仪三千"是也。《春秋左氏传》曰："有威而可畏谓之'威'，有仪而可象谓之'仪'。"言君子有此容止威仪，能合规矩。案《礼记·玉藻》云“周还中规，折还中矩”，郑云：“反行也宜圜，曲行也宜方。”是合规矩，故可观。云“进退，动静也”者，进则动也，退则静也。案《易·乾卦·文言》曰“进退无常，非离群也”，又《艮卦》彖曰“时止则止，时行则行，动静不失其时，其道光明”，是进退则动静也。云“不越礼法则可度也”者，动静不乖越礼法，故可度也。

注“君行”至“君也”　云“君行六事，临抚其人”者，言君施行六事，以临抚下人。“六事”即“可度”以上之事有六也。云“则下畏其威、爱其德，皆放象于君也”者，案《左传》北宫文子对卫侯说威仪之事，称“有威而可畏谓之‘威’，有仪而可象谓之‘仪’。君有君之威仪，其臣畏而爱之，则而象之”，又因引“《周书》数文王之德曰‘大国畏其力，小国怀其德’，言畏而爱之也；《诗》云‘不识不知，顺帝之则’，言则而象之也”，又云“君子在位可畏，施舍可爱，进退可度，周旋可则，容止可观，作事可法，德行可象，声气可乐，动作有文，言语有章，以临其下，谓之有威仪也”，据此与经虽稍殊别，大抵皆叙君之威仪也。故经引《诗》云“其仪不忒”，其义同也。

注“上正”至“行也”　云“上正身以率下”者，此依孔传也。《论语》孔子对季康子曰“子率以正，孰敢不正”，又曰“其身正，不令而行”，是正其身之义也。云“下顺上而法之”者，言正其身以率下，则下人皆从之，无不法。“则德教成、政令行也”者，言风化当如此也。

《诗》云：“淑人君子，其仪不忒[①]。”

【注】

①淑，善也；忒，差也。义取君子威仪不差，为人法则。

【疏】

“诗云”至“不忒” 夫子述君子之德既毕，乃引《曹风·鸤鸠》之诗以赞美之。言善人君子威仪不差失也。

注“淑善”至“法则” 云“淑，善也；忒，差也”，此依郑注也。“淑，善也”，《释诂》文。《释言》云“爽，差也”、“爽，忒也”，转互相训，故忒得为差也。云“义取君子威仪不差，为人法则”者，亦言引《诗》大意如此也。

【校勘记】

[1]礼记明堂位："礼记"下原有"明其二端注"五字，"堂"下"位"字原无，浦镗《正误》以"其二端注明堂"乃"堂位昔者周公"之误，阮校以《正误》说是。今按：疏此段乃转引自《三辅黄图》卷五，彼作"礼记明堂位曰朝诸侯于明堂之位"，则"昔者周公"不当有，故据删并补"位"字。

[2]六甲之爻："甲"下原有"子"字，按《三辅黄图》卷五作"六甲之文"，"文"盖"爻"之讹，则"子"字不当有，据删。

[3]本乎天性：据卷子本，"父子之道，天性也"之玄宗初注云"父子之道，自然孝慈，本于天性，生爱敬之心"，疏此处犹本初注为说，且下文又谓"言父子相亲本于天性"，则"乎"或为"于"之讹。

[4]言者意之声也：注疏诸本"意"作"心"。今按：言为心声虽为常语，然亦有作"意"者，《尚书序》之孔颖达《正义》谓："言者意之声，书者言之记。是故存言以声意，立书以记言。"故不改。

卷第六

纪孝行章第十

【疏】

此章纪录孝子事亲之行也。前章孝治天下，所施政教，不待严肃自然成理，故君子皆由事亲之心，所以孝行有可纪也，故以名章，次圣人之后。或于“孝行”之下又加“万法”两字，今不取也。

子曰：孝子之事亲也，居则致其敬①，养则致其乐②，病则致其忧③，丧则致其哀④，祭则致其严⑤。五者备矣，然后能事亲⑥。

【注】

①平居必尽其敬。

②就养能致其欢。

③色不满容，行不正履。

④擗踊哭泣，尽其哀情。

⑤斋戒沐浴，明发不寐。

⑥五者阙一则未为能。

【疏】

“子曰”至“事亲”　致犹尽也。言为人子能事其亲而称孝者，谓平常居处家之时也，当须尽其恭敬；若进饮食之时，怡颜悦色，致亲之欢；若亲之有疾，则冠者不栉，怒不至詈，尽其忧谨之心；若亲丧亡，则攀号毁瘠，尽其哀情也；若卒哀之后，当尽其祥练，及春秋祭祀又当尽其严肃。此五者无限贵贱，有尽能备者，是其能事亲。

注“平居必尽其敬”　此依王注也。“平居”谓平常在家，孝子则须恭敬也。案《礼记·内则》云：子事父母，鸡初鸣，咸盥漱，至于父母之所，敬进甘脆而后退。又《祭义》曰：“养可能也，敬为难。”皆是尽敬之义也。

注“就养能致其欢”　此依魏注也。案《檀弓》曰“事亲有隐而无犯，左右就养无方”，言孝子冬温夏凊，昏定晨省，及进饮食以养父母，皆须尽其敬安之心，不然则难以致亲之欢。

注“色不”至“正履”　此依郑注也。案《礼记·文王世子》云“王季有不安节，则内竖以告文王，文王色忧，行不能正履”，又下文云古之世子亦朝夕问于内竖，“其有不安节，世子色忧不满容”。此注减“忧”、“能”二字者，以此章通于贵贱，虽儗人非其伦，亦举重以明轻之义也。

注“擗踊”至“哀情”　此依郑注也，并约《丧亲章》文。其义具于彼。

注“斋戒”至“不寐”　此皆说祭祀严敬之事也。案《祭义》曰“孝子将祭，夫妇斋戒，沐浴盛服，奉承而进之”，言将祭必先斋戒沐浴也。又云“文王之祭也，事死如事生。《诗》云‘明发不寐，有怀二人’，文王之诗也”，郑注云：“‘明发不寐’谓夜而至旦也，‘二人’谓父母也。”言文王之严敬祭祀如此也。

注“五者”至“为能”　此依魏注也。凡为孝子者须备此五等事也，五事若阙于一，则未为能事亲也。

事亲者居上不骄[①]，为下不乱[②]，在丑不争[③]。居上而骄则亡，为下而乱则刑，在丑而争则兵④。三者不除，虽日用三牲之养，犹为不孝也⑤。

【注】

①当庄敬以临下也。

②当恭谨以奉上也。

③丑，众也。争，竞也。当和顺以从众也。

④谓以兵刃相加。

⑤三牲，太牢也。孝以不毁为先。言上三事皆可亡身，而不除之，虽日致太牢之养，固非孝也。

【疏】

"事亲"至"孝也"　此言居上位者不可为骄溢之事，为臣下者不可为挠乱之事，在丑辈之中不可为忿争之事。是以居上须去骄，不去则危亡也；为下须去乱，不去则致刑辟；在丑辈须去争，不去则兵刃或加于身。若三者不除，虽复日日能用三牲之养，终贻父母之忧，犹为不孝之子也。

注"丑众也争竞也"　此依魏注也。"丑，众也"，《释诂》文。《左传》曰"师竞已甚"，杜预云："竞犹争也。"故注以竞释争也。

注"谓以兵刃相加"　此依常义。案《左传》云晋范鞅"用剑以帅卒"，杜预曰："用短兵接敌。"此则刀剑之属，谓之兵也，必有刃，堪害于人，则《左传》齐庄公"请自刃于庙"是也。言处侪众之中而每事好争竞，或有以刃相雠害也。

注"三牲"至"非孝也"　云"三牲，太牢也"者，三牲，牛、羊、豕也。案《尚书·召诰》称"越翼日戊午，乃社于新邑，牛一、羊一、豕一"，孔云："用太牢也。"是谓"三牲"为太牢也。云"孝以不毁为先"者，则首章"不敢毁伤"也。云"言上三事皆可亡身”者，谓上“居上而骄”、“为下而乱”、“在丑而争”之三事，皆可丧亡其身命也。云“而不除之，虽日致太牢之养，固非孝也”者，言奉养虽优，不除骄、乱及争竞之事，使亲常忧，故非孝也。

五刑章第十一

【疏】

此章“五刑之属三千”，案舜命皋陶云：“汝作士，明于五刑。”又《礼记·服问》云：“丧多而服五，罪多而刑五。”以其服有亲疏，罪有轻重也，故以名章。以前章有骄乱忿争之事，言此罪恶必及刑辟，故此次之。

子曰：五刑之属三千，而罪莫大于不孝①。要君者无上②，非圣人者无法③，非孝者无亲④，此大乱之道也⑤。

【注】

①五刑谓墨、劓、刵、宫、大辟也。条有三千，而罪之大者莫过不孝。

②君者臣所禀命也，而敢要之，是无上也。

③圣人制作礼法，而敢非之，是无法也。

④善事父母为孝，而敢非之，是无亲也。

⑤言人有上三恶，岂唯不孝，乃是大乱之道。

【疏】

“子曰”至“道也”　“五刑”者，言刑名有五也。“三千”者，言所犯刑条有三千也。所犯虽异，其罪乃同，故言“之属”以包之。就此三千条中，其不孝之罪尤大，故云“而罪莫大于不孝”也。凡为人子，当须遵承圣教，以孝事亲、以忠事君。君命宜奉而行之，敢要之，是无心遵于上也；圣人垂范当须法则，今乃非之，是无心法于圣人也；孝者百行之本，事亲为先，今乃非之，是无心爱其亲也。卉木无识尚感君政，禽兽无礼尚知恋亲，况在人灵，而敢要君，不孝也，逆乱之道此为大焉，故曰“此大乱之道也”。

注“五刑”至“不孝” 云“五刑谓墨、劓、剕、宫、大辟也”者，此依魏注也。此五刑之名，皆《尚书·吕刑》文。孔安国云：“刻其颡而涅之曰墨刑。”颡，额也。谓刻额为疮，以墨塞疮孔令变色也。墨一名“黥”。又云：“截鼻曰劓，刖足曰剕。”《释言》云“剕，刖也”，李巡曰“断足曰刖”是也。又云：“宫，淫刑也。男子割势，妇人幽闭，次死之刑。”以男子之阴名为势，割去其势与椓去其阴，事亦同也。妇人幽闭，闭于宫使不得出也。又云：“大辟，死刑也。”案此五刑之名见于经传，唐虞以来皆有之矣，未知上古起自何时。汉文帝始除肉刑，除墨、劓、剕耳，宫刑犹在。隋开皇之初，始除男子宫刑，妇人犹闭于宫。此五刑之名义。郑注《周礼·司刑》引《书传》曰：“决关梁、踰城郭而略盗者其刑膑，男女不以义交者其刑宫，触易君命、革舆服制度、奸轨盗攘伤人者其刑劓，非事而事之、出入不以道义而诵不详之辞者其刑墨，降畔、寇贼、劫略、夺攘、矫虔者其刑死。”案《说文》云：“膑，膝骨也。”刖膑谓断其膝骨。此注不言“膑”而云“剕”者，据《吕刑》之文也。云“条有三千，而罪之大者莫过不孝”者，案《周礼》“司刑掌五刑之法，以丽万民之罪，墨罪五百、劓罪五百、宫罪五百、剕罪五百、杀罪五百”，合二千五百。至周穆王，乃命吕侯入为司寇，令其训畅夏禹赎刑，增轻削重，依夏之法，条有三千。则周三千之条首自穆王始也。《吕刑》云：“墨罚之属千、劓罚之属千、剕罚之属五百、宫罚之属三百、大辟之罚其属二百，五刑之属三千。”言此三千条中，罪之大者莫有过于不孝也。案旧注说及谢安、袁宏、王献之、殷仲文等，皆以不孝之罪，圣人恶之，云在三千条外。此失经之意也。案上章云“三者不除，虽日用三牲之养，犹为不孝”，此承上不孝之后，而云三千之罪“莫大于不孝”，是因其事而便言之，本无在外之意。案《檀弓》云："子弑父，凡在宫者杀无赦。杀其人，坏其室，洿其宫而猪焉。"既云"学断斯狱"，则明有条可断也。何者？《易·序卦》称"有天地然后万物生焉"，自《屯》、《蒙》至《需》、《讼》，即争讼之始也，故圣人法雷电以申威刑，所兴其来远矣。唐虞以上，书传靡详，舜命皋陶有五刑，五刑斯著。案《风俗通》曰："《皋陶谟》是虞时造也。及周穆王训夏，里悝师魏，[1] 乃著《法经》六篇，而以盗、贼为首。贼之大者有恶逆焉，决断不违时，凡赦不免，又有不孝之罪，并编十恶之条。前世不忘，后世为式。"而安、宏不孝之罪不列三千之条中。今不取也。

注"君者"至"无上也"　此依孔传也。案《晋语》云：诸大夫迎悼公，公曰："孤始愿不及此，孤之及此，天也。抑人之有元君，将禀命焉。"明凡为臣下者皆禀君教命，而敢要以从己，是有无上之心，故非孝子之行也。若臧武仲以防求为后于鲁、晋舅犯及河授璧请亡之类是也。

注"圣人"至"法也"　此依孔传也。圣人规模天下，法则兆民，敢有非毁之者，是无圣人之法也。

注"善事"至"亲也"　孝为百行之本，敢有非毁之者，是无亲爱之心也。

注"言人"至"之道"　言人不忠于君、不法于圣、不爱于亲，此皆为不孝，[2] 乃是罪恶之极，故经以"大乱"结之也。

广要道章第十二

【疏】

前章明不孝之恶，罪之大者，及要君、非圣人，此乃礼教不容。广宣要道以教化之，则能变而为善也。首章略云“至德要道”之事而未详悉，所以于此申而演之，皆云“广”也，故以名章，次《五刑》之后。“要道”先于“至德”者，谓以要道施化，化行而后德彰，亦明道德相成，所以互为先后也。

子曰：教民亲爱莫善于孝，教民礼顺莫善于悌①，移风易俗莫善于乐②，安上治民莫善于礼③。

【注】

①言教人亲爱礼顺，无加于孝悌也。

②风俗移易，先入乐声，变随人心，正由君德，正之与变，因乐而彰，故曰“莫善于乐”。

③礼所以正君臣、父子之别，明男女、长幼之序，故可以安上化下也。

【疏】

“子曰”至“于礼”　此夫子述广要道之义。言君欲教民亲于君而爱之者，莫善于身自行孝也，君能行孝则民效之，皆亲爱其君；欲教民礼于长而顺之者，莫善于身自行悌也，君行悌则民效之，皆以礼顺从其长也；欲移易风俗之弊败者，莫善于听乐而正之；欲身安于上、民治于下者，莫善于行礼以帅之。

注“言教”至“悌也”　言欲民亲爱于君、礼顺于长者，莫善于身自行孝悌之善也。

注“风俗”至“于乐” 云“风俗移易，先入乐声”者，子夏《诗序》云：“风，风也、教也。风以动之，教以化之。”韦昭曰：“人之性系于大人，大人风声，故谓之‘风’。随其趋舍之情欲，故谓之‘俗’。”《诗序》又曰“至于王道衰，礼义废，政教失，国异政，家殊俗，而变《风》、变《雅》作矣”，是“先入乐声”之义也。云“变随人心，正由君德”者，《诗序》又曰“国史明乎得失之迹，伤人伦之废，哀刑政之苛，吟咏情性以风其上，故变《风》发乎情，止乎礼义。发乎情，民之性也；止乎礼义，先王之泽也”，以斯言之，则知乐者本于情性，声者因乎政教，政教失则人情坏，人情坏则乐声移，是“变随人心”也。国史明之，遂吟以风上也，受其风上而行，其失乃行礼义以正之、教化以美之，上政既和，人情自治，是“正由君德”也。云“正之与变，因乐而彰，故曰‘莫善于乐’”者，《诗序》又曰：“治世之音安以乐，其政和；乱世之音怨以怒，其政乖；亡国之音哀以思，其民困。”又《尚书·益稷》篇舜曰“予欲闻六律、五声、八音，在治忽”，孔安国云：“在察天下治理及忽怠者。”皆是“因乐而彰”也。案《礼记》云“大乐与天地同和”，则自生人以来皆有乐性也。《世本》曰“伏羲造琴瑟”，则其乐器渐于伏羲也。史籍皆言黄帝乐曰《云门》、颛顼曰《六英》、帝喾曰《五茎》、尧曰《咸池》、舜曰《大韶》、禹曰《大夏》、汤曰《大濩》、武曰《大武》，则乐之声节起自黄帝也。

注“礼所”至“下也” 云“礼所以正君臣、父子之别，明男女、长幼之序”者，此依魏注也。《礼记》云“非礼无以辨君臣、上下、长幼之位，非礼无以辨男女、父子、兄弟之亲”是也。云“故可以安上化下也”者，释“安上治民”也。《制旨》曰：“礼殊事而合敬，乐异文而同爱。敬爱之极是谓‘要道’，神而明之是谓‘至德’。故必由斯人以弘斯教，而后礼乐兴焉、政令行焉。以盛德之训传于乐声，则感人深而风俗移易；以盛德之化措诸礼容，则悦者众而名教著明。蕴乎其乐，章乎其礼，故相待而成矣。然则《韶》乐存于齐而民不为之易，周礼备于鲁而君不获其安，亦政教失其极耳，夫岂礼乐之咎乎？”

礼者敬而已矣[1]，故敬其父则子悦，敬其兄则弟悦，敬其君则臣悦，敬一人而千万人悦[2]。

所敬者寡而悦者众，此之谓要道也。

【注】

①敬者礼之本也。

②居上敬下，尽得欢心，故曰悦也。

【疏】

“礼者”至“道也”　此承上“莫善于礼”也。言“礼者敬而已矣”，谓礼主于敬也。又明敬功至广，是要道也。其要正以谓天子敬人之父则其子皆悦，敬人之兄则其弟皆悦，敬人之君则其臣皆悦，此皆敬父、兄及君一人，则其子、弟及臣千万人皆悦，故其所敬者寡而悦者众，即前章所言“先王有至德要道”者，皆此义之谓也。

注“敬者礼之本也”　此依郑注也。案《曲礼》曰“毋不敬”是也。

注“居上”至“悦也”　云“居上敬下”者，案《尚书·五子之歌》云“为人上者奈何不敬”，谓居上位须敬其下。云“尽得欢心，故曰悦也”者，言得欢心则无所不悦也，案《孝治章》云“故得万国、百姓及人之欢心”是也。旧注云“‘一人’谓父、兄、君，‘千万人’谓子、弟、臣也”者，此依孔传也。“一人”指受敬之人，则知谓父、兄、君也；“千万人”指其喜悦者，则知谓子、弟、臣也。夫子、弟及臣名何啻千万？言“千万人”者，举其大数也。

【校勘记】

[1]里悝师魏：“里”当作“李”，然《唐律疏义》卷二八云“魏文侯之时里悝制《法经》六篇”，则当时亦有作“里”者。

[2]皆为不孝：注为“岂唯不孝”，疏则以“皆为不孝”释之，卷子本作“皆为不孝”，盖元疏未追改而《正义》因之故也。

卷第七

广至德章第十三

【疏】

首章标"至德"之目，此章明广至德之义，故以名章，次《广要道》之后。

子曰：君子之教以孝也，非家至而日见之也①。教以孝，所以敬天下之为人父者也；教以悌，所以敬天下之为人兄者也②；教以臣，所以敬天下之为人君者也③。

【注】

①言教不必家到户至，日见而语之，但行孝于内，其化自流于外。

②举孝悌以为教，则天下之为人子弟者无不敬其父兄也。

③举臣道以为教，则天下之为人臣者无不敬其君也。

【疏】

"子曰"至"君者也"　此夫子述广至德之义。言圣人君子教人行孝事其亲者，非家家悉至而日见之。但教之以孝，则天下之为人父者皆得其子之敬也；教之以悌，则天下之为人兄者皆得其弟之敬也；教之以臣，则天下之为人君者皆得其臣之敬也。

注“言教”至“于外” 此依郑注也。《祭义》所谓“孝悌发诸朝廷，行乎道路，至乎闾巷”，是“流于外”也。

注“举孝”至“父兄也” 云“举孝悌以为教”者，此依王注也。案《礼记·祭义》曰“祀乎明堂，所以教诸侯之孝也；食三老五更于太学，所以教诸侯之弟也”，此即谓“发诸朝廷，至乎州里”是也。云“则天下之为人子弟者无不敬其父兄也”者，言皆敬也。案旧注用应劭《汉官仪》云“天子无父，父事三老，兄事五更”，乃以事父、事兄为教孝悌之礼。案礼，教孝自有明文，假令天子事三老盖同庶人“倍年以长”之敬，本非教孝子之事，今所不取也。

注“举臣”至“君也” 此依王注也。案《祭义》云“朝觐所以教诸侯之臣也”者，诸侯，列国之君也，若朝觐于王则身行臣礼。言圣人制此朝觐之法，本以教诸侯之为臣也，则诸侯之卿大夫亦各放象其君，而行事君之礼也。刘炫以为将教为臣之道，固须天子身行者，案《礼运》曰“故先王患礼之不达于下也，故祭帝于郊”，谓郊祭之礼，册祝称臣，是亦以见天子以身率下之义也。

《诗》云：“恺悌君子，民之父母①。”非至德，其孰能顺民如此其大者乎？

【注】

①恺，乐也。悌，易也。义取君以乐易之道化人，则为天下苍生之父母也。

【疏】

“诗云”至“者乎” 夫子既述至德之教已毕，乃引《大雅·泂酌》之诗以赞美之。恺，乐也。悌，易也。言乐易之君子，能顺民心而行教化，乃为民之父母。若非至德之君，其谁能顺民心如此其广大者乎？孰，谁也。案《礼记·表记》称：“子言之：君子所谓仁者，其难乎？《诗》云：‘凯弟君子，民之父母。’凯以强教之，弟以说安之。使民有父之尊，有母之亲，如此而后可以为民父母矣，非至德，其孰能如此乎？”此章于“孰能”下加“顺民”，“如此”下加“其大者”，与《表记》为异，其大意不殊。而皇侃以为并结《要道》、《至德》两章，或失经旨也。刘炫以为《诗》美民之父母，证君之行教，未证至德之大，故于《诗》下别起叹辞，所以异于馀章，颇近之矣。

注“恺乐”至“母也” “恺，乐”、“悌，易”，《释诂》文。云“义取君以乐易之道化人，则为天下苍生之父母也”者，亦言引《诗》大意如此。“苍生”，《尚书》文，谓天下黔首苍苍然，众多之貌也。孔安国以为苍苍然生草木之处，今不取也。

广扬名章第十四

【疏】

首章略言扬名之义而未审，而于此广之，故以名章，次《至德》之后。

子曰：君子之事亲孝，故忠可移于君[①]；事兄悌，故顺可移于长[②]；居家理，故治可移于官[③]。

是以行成于内，而名立于后世矣[④]。

【注】

①以孝事君则忠。

②以敬事长则顺。

③君子所居则化，故可移于官也。

④修上三德于内，名自传于后代。

【疏】

“子曰”至“世矣”　此夫子广述扬名之义。言君子之事亲能孝者，故资孝为忠，可移孝行以事君也；事兄能悌者，故资悌为顺，可移悌行以事长也；居家能理者，故资治为政，可移治绩以施于官也。是以君子若能以此善行成之于内，则令名立于身没之后也。先儒以为“居家理”下阙一“故”字，御注加之。

注“以孝事君则忠”　此《士章》之文，义已见于上。

注“以敬事长则顺”　此依郑注也，亦《士章》之敬悌义同，已具上释。然人之行敬则有轻有重，敬父、敬君则重也，敬兄、敬长则轻也。

注“君子”至“官也”　此依郑注也。《论语》云“君子不器”，言无所不施。

注“修上”至“后代”　此依郑注也。“三德”则上章云移孝以事于君、移悌以事于长、移理以施于官也。言此三德不失，则其令名当自传于后世。经云“立”而注为“传”者，“立”谓常有之名，“传”谓不绝之称。但能不绝，即是常有之行，故以“传”释“立”也。

谏争章第十五

【疏】

此章言为臣子之道，若遇君父有失皆当谏争也。曾子因闻扬名已上之义，而问子从父之令，夫子以令有善恶，不可尽从，乃为述谏争之事，故以名章，次《扬名》之后。

曾子曰：若夫慈爱恭敬、安亲扬名则闻命矣，敢问子从父之令，可谓孝乎①？

【注】

①事父有隐无犯，又敬不违，故疑而问之。

【疏】

“曾子”至“孝乎”　前章以来唯论爱敬及安亲之事，未说规谏之道，故又假曾子之问曰：“若夫慈爱恭敬、安亲扬名则已闻命矣，敢问子从父之教令，亦可谓之孝乎？”疑而问之，故称“乎”也。寻上所陈，唯言敬爱，未及慈恭，而曾子并言慈恭已闻命矣者，皇侃以为“上陈爱敬，则包于慈恭矣。慈者孜孜，爱者念惜，恭者貌多心少，敬者心多貌少”。如侃之说，则慈恭、爱敬之别，何故云“包慈恭”也？或曰：慈者接下之别名，爱者奉上之通称。刘炫引《礼记·内则》说“子事父母‘慈以旨甘’，《丧服四制》云高宗‘慈良于丧’，《庄子》曰‘事亲则孝慈’，此并施于事上。夫爱出于内，慈为爱体；敬生于心，恭为敬貌。此经悉陈事亲之迹，宁有接下之文？夫子据心而为言，所以唯称爱敬；曾参体貌而兼取，所以并举慈恭”。如刘炫此言，则知慈是爱亲也，恭是敬亲也。“安亲”即上章云“故生则亲安之”，“扬名”即上章云“扬名于后世”矣。经称“夫”有六焉，盖发言之端也，一曰“夫孝，始于事亲”，二曰“夫孝，德之本”，三曰“夫孝，天之经”，四曰“夫然，故生则亲安之”，五曰“夫圣人之德”。此章云“若夫慈爱”，并却明前理而下有其趣，故言“夫”以起之。刘瓛曰：“夫犹凡也。”

注“事父”至“问之” 《礼记·檀弓》云“事亲有隐而无犯”，以经云“从父之令”，故注变“亲”为“父”。案《论语》云：“事父母几谏，见志不从，又敬不违。”引此二文以成疑，疏证曾子有可问之端也。

子曰：是何言与，是何言与①？昔者，天子有争臣七人，虽无道不失天下；[1]诸侯有争臣五人，虽无道不失其国；大夫有争臣三人，虽无道不失其家②；士有争友，则身不离于令名③；父有争子，则身不陷于不义④。故当不义，则子不可以不争于父，臣不可以不争于君⑤。故当不义则争之，从父之令又焉得为孝乎？

【注】

①有非而从，成父不义，理所不可，故再言之。

②降杀以两，尊卑之差。“争”谓谏也。言虽无道，为有争臣，则终不至失天下、亡家国也。

③令，善也。益者三友，言受忠告，故不失其善名。

④父失则谏，故免陷于不义。

⑤不争则非忠孝。

【疏】

“子曰”至“孝乎” 夫子以曾参所问于理乖僻，非谏争之义，因乃诮而答之，曰："汝之此问是何言与？"再言之者，明其深不可也。既诮之后，乃为曾子说必须谏争之事，言臣之谏君、子之谏父，自古攸然。故言昔者天子治天下，有谏争之臣七人，虽复无道，昧于政教，不至失于天下。言"无道"者，谓无道德。诸侯有谏争之臣五人，虽无道亦不失其国也；大夫有谏争之臣三人，虽无道亦不失于其家；士有谏争之友，则其身不离远于善名也；父有谏争之子，则身不陷于不义。故君、父有不义之事，凡为臣、子者不可以不谏争，以此之故，当不义则须谏之。又结此以答曾子曰："今若每事从父之令，又焉得为孝乎？"言不得也。案曾子唯问从父之令，不指当时而言"昔者"，皇侃云"夫子述《孝经》之时，当周乱衰之代，无此谏争之臣，故言'昔者'也"；不言"先王"而言"天子"者，诸称"先王"皆指圣德之主，此言无道，所以不称"先王"也。

注"有非"至"不义"　言父有非，子从而行，不谏是成父之不义。云"理所不可，故再言之"者，义见于上。

注"降杀"至"国也"　《左传》云"自上以下，降杀以两，礼也"，谓天子尊，故七人；诸侯卑于天子，降两，故有五人；大夫卑于诸侯，降两，故有三人。《论语》云"信而后谏"，《左传》云"伏死而争"，此盖谓极谏为争也。若随无道，人各有心，鬼神乏主，季梁犹在，楚不敢伐，是有争臣不亡其国。举中而率，则大夫、天子从可知也。不言"国家"，嫌如独指一国也。"国"则诸侯也，"家"则大夫也，注贵省文，故曰"家国"也。案孔、郑二注及先儒所传，并引《礼记·文王世子》以解七人之义。案《文王世子》记曰："虞、夏、商、周有师保、有疑丞，设四辅及三公，不必备，惟其人。"又《尚书大传》曰："古者天子必有四邻，前曰疑、后曰丞、左曰辅、右曰弼。天子有问无对，责之疑；可志而不志，责之丞；可正而不正，责之辅；可扬而不扬，责之弼。其爵视卿，其禄视次国之君。"《大传》"四邻"则《记》之"四辅"，兼三公，以充七人之数。诸侯五者，孔传指天子所命之孤及三卿与上大夫，王肃指三卿、内史、外史，以充五人之数。大夫三者，孔传指家相、宗老、侧室，[2]以充三人之数，王肃无侧室而谓邑宰。斯并以意解说，恐非经义。刘炫云："案下文云'子不可以不争于父，臣不可以不争于君'，则为子、为臣皆当谏争，岂独大臣当争，小臣不争乎？岂独长子当争其父，众子不争者乎？若父有十子皆得谏争，王之百辟惟许七人，是天子之佐乃少于匹夫也。又案《洛诰》云成王谓周公曰'诞保文武受民，乱为四辅'，《冏命》穆王命伯冏'惟予一人无良，实赖左右前后有位之士匡其不及'，据此而言，则'左右前后'，四辅之谓也。疑、丞、辅、弼当指于诸臣，非是别立官也。"谨案：《周礼》不列疑、丞，《周官》历叙群司，《顾命》总名卿士，《左传》云"龙师"、"鸟纪"，《曲礼》云"五官"、"六大"，无言疑、丞、辅、弼专掌谏争者。若使爵视于卿、禄比次国，《周礼》何以不载，经传何以无文？且伏生《大传》以"四辅"解为四邻，孔注《尚书》以"四邻"为前后左右之臣，而不为疑、丞、辅、弼，安得又采其说也？《左传》称"周辛甲之为太史也，命百官官箴王阙"，师旷说匡谏之事，"史为书，瞽为诗，工诵箴谏，大夫规诲，士传言。官师相规，工执艺事以谏"，此则凡在人臣皆合谏也。夫子言天子有天下之广，七人则足，以见谏争功之大，故举少以言之也。然父有争子、士有争友，虽无定数，要一人为率。自下而上稍增二人，则从上而下，当如礼之降杀，故举七、五、三人也。刘炫之说义杂合通途，何者？传载：忠言比于药石，逆耳苦口，随要而施。若指不备之员以匡无道之主，欲求不失，其可得乎？先儒所论，今不取也。

注"令善"至"善名"　"令，善也"，《释诂》文。云"益者三友"，《论语》文，即"友直、友谅、友多闻，益矣"是也。云"言受忠告，故不失其善名"者，《论语》云："子贡问友，子曰：'忠告而善道之。'"言善名为受忠告而后成也。大夫以上皆云"不失"，士独云"不离"，不离即不失也。

注"父失"至"不义"　此依郑注也。案《内则》云"父母有过，下气怡色，柔声以谏。谏若不入，起敬起孝，说则复谏”，《曲礼》曰“子之事亲也，三谏而不听，则号泣而随之”，言父有非，故须谏之以正道，庶免陷于不义也。

【校勘记】

［1］不失天下：“失”下原有“其”字，阮校：“石台本无‘其’字，《释文》同，案《正义》本无‘其’字。”今按：《韩诗外传》与《汉书·王嘉传》引有，而《汉书·霍光传》引则无，是汉时有无杂出。《释文》虽谓“其”衍字，然《古文孝经孔氏传》、卷子本无，而唐石经、敦煌钞本（斯七〇七、七二八）、古文石刻本则有，是汉以后仍有无杂出。诚如阮所言，《正义》所据本无，故据删。

［2］家相宗老侧室：“宗”字原作“室”，《古文孝经孔氏传》“室”作“宗”，阮福据卢文弨校本改为“宗”。今按：《仪礼·丧服》“公卿大夫室老士贵臣，其馀皆众臣也”，郑注云：“室老，家相也。”则室老不当与家相并列，而《国语·鲁语下》“文伯之母欲室文伯，飨其宗老”，韦注：“家臣称‘老’。宗，宗人主礼乐者也。”吴浩《十三经义疑》谓：“宗人之名通于上下，《鲁语》‘文伯之母欲室文伯，飨其宗老’，韦昭注：‘宗，宗人。’《晋语》‘范文子谓其宗祝’，韦昭注亦曰：‘宗，宗人。’此卿大夫之宗人也。”则“宗老”是，据改。

卷第八

应感章第十六

【疏】

此章言“天地明察，神明彰矣”，又云“孝悌之至，通于神明”，皆是应感之事也。前章论谏争之事，言人主若从谏争之善，必能修身慎行，致应感之福，故以名章，次于《谏争》之后。

子曰：昔者明王事父孝，故事天明；事母孝，故事地察[①]；长幼顺，故上下治[②]；天地明察，神明彰矣[③]。

【注】

①王者父事天、母事地，言能敬事宗庙则事天地能明察也。

②君能尊诸父，先诸兄，则长幼之道顺，君人之化理。

③事天地能明察，则神感至诚而降福祐，故曰彰也。

【疏】

“子曰昔者明王”至“神明彰矣”　此章夫子述明王以孝事父母，能致应感之事。言昔者明圣之王事父能孝，故事天能明，言能明天之道，故《易·说卦》云“乾为天、为父”，此言“事父孝，故事天明”，是事父之孝通于天也。事母能孝，故事地能察，言能察地之理，故《说卦》云“坤为地、为母”，此言“事母孝，故事地察”，则是事母之孝通于地也。明王又于宗族长幼之中皆顺于礼，则凡在上下之人皆自化也。又明王之事天地既能明察，必致福应，则神明之功彰见，谓阴阳和，风雨时，人无疾厉，天下安宁也。经称“明王”者二焉，一曰“昔者明王之以孝治天下也”，二即此章言“昔者明王事父孝”，俱是圣明之义，与先王为一也。言“先王”，示及远也；言“明王”，示聪明也。

注“王者”至“察也”　云“王者父事天、母事地”者，此依王注义也。案《白虎通》云“王者父天母地”，此言“事”者，谓移事父母之孝以事天地也。云“言能敬事宗庙则事天地能明察也”者，谓烝尝以时，疏数合礼，是“敬事宗庙”也。既能敬事宗庙，则不违犯天地之时，若《祭义》曾子曰：“树木以时伐焉，禽兽以时杀焉，夫子曰：‘断一树、杀一兽不以其时，非孝也。’”又《王制》曰：“獭祭鱼，然后虞人入泽梁；豺祭兽，然后田猎；鸠化为鹰，然后设罻罗；草木零落，然后入山林；昆虫未蛰，不以火田。”此则令无大小，皆顺天地，是“事天地能明察”也。

注“君能”至“化理”　此言明王能顺长幼之道，则臣下化之而自理也，谓放效于君。书曰“违上所命，从厥攸好”，是效之也。

注“事天”至“彰也”　諴，和也。[1]言事天地若能明察，则神祇感其至和，而降福应以祐助之，是神明之功彰见也。《书》云“至諴感神”，又《瑞应图》曰“圣人能顺天地，则天降膏露，地出醴泉”，《诗》云“降福穰穰”，《易》曰“自天祐之，吉，无不利”，注约诸文以释之也。案此则“神感至诚”当为“至諴”，今定本作“至诚”，字之误也。

故虽天子，必有尊也，言有父也；必有先也，言有兄也①。宗庙致敬，不忘亲也②；修身慎行，恐辱先也③。宗庙致敬，鬼神著矣④，孝悌之至，通于神明，光于四海，无所不通⑤。

【注】

①“父”谓诸父，“兄”谓诸兄，皆祖考之胤也。礼，君谦族人，与父兄齿也。

②言能敬事宗庙则不敢忘其亲也。

③天子虽无上于天下，犹修持其身，谨慎其行，恐辱先祖而毁盛业也。

④事宗庙能尽敬则祖考来格，享于克诚，故曰著也。

⑤能敬宗庙、顺长幼，以极孝悌之心，则至性通于神明，光于四海，[2]故曰“无所不通”。

【疏】

“故虽”至“不通”　“故”者，连上起下之辞。以上文云“事父孝”，又云“事母孝”，又云“长幼顺”，所以于此述尊父先兄之义，以及致敬与修身之道，兼言鬼神之著，孝悌之至，无所不通也。言王者虽贵为天子，于天下宗族之中必有所尊之者，谓天子有诸父也；必有所先之者，谓天子有诸兄也。宗庙致敬，是不忘其亲；修身慎行，是不辱其祖考。故能致敬于宗庙，则鬼神明著而歆享之。是明王有孝悌之至性，感通神明，则能光于四海，无所不通。然谏争兼有诸侯、大夫，此章唯称王者，言王能致应感，则诸侯已下亦当自勉勖也。

注“父谓”至“齿也”　云“‘父’谓诸父，‘兄’谓诸兄”者，父之昆弟曰伯父、叔父，己之昆曰兄，其属非一，故言“诸”也。《诗》曰“以速诸父”，又曰“复我诸兄”是也。云“皆祖考之胤也”者，案《曲礼》曰“父死曰‘考’”，言父以上通谓之“祖考”。胤，嗣也。谓其庙未毁，其胤皆是王者之族亲也。云“礼，君谦族人，与父兄齿也”者，此依孔传也。案《诗序》“《角弓》，父兄刺幽王”，盖谓君之诸父、诸兄也。古者天子祭毕，同姓则留之，谓与族人谦，故其诗曰“诸父兄弟，备言燕私”，郑笺云：“祭毕，归宾客之俎，同姓则留与之燕。”是天子谦族人也。又《礼记·文王世子》云“若公与族燕，则异姓为宾，膳宰为主人，公与父兄齿”，则知燕族人亦以尊卑为列，齿于父兄之下也。

注“言能”至“亲也”　案《礼记·文王世子》称“五庙之孙，祖庙未毁，虽为庶人，冠、取妻必告，死必赴”，是不忘亲也。《礼记·大传》称“其不可得变革者则有矣，亲亲也，尊尊也，长长也”，“亲亲故尊祖，尊祖故敬宗，敬宗故收族，收族故宗庙严”，言君致敬宗庙则不敢忘其亲也。

注“天子”至“业也”　云“天子虽无上于天下”者，此依王注也。《礼记·坊记》云“天无二日，土无二王，家无二主，尊无二上”，谓普天之下，天子至尊也。云“犹修持其身，谨慎其行，恐辱先祖而毁盛业也”者，案《礼记·祭义》云“父母既没，慎行”，是不辱先也。“盛业”谓先祖积德累功，而有天下之业。上言“必有先也”，先，兄也；此言“恐辱先也”，是先祖也。

注“事宗”至“著也”　云“祖考来格”者，《尚书·益稷》文。格，至也。言事宗庙能恭敬则祖考之神来格。《诗》曰“神保是格，报以景福”，亦是言神之至。云“享于克诚，故曰著也”者，“享于克诚”，《尚书·太甲》篇文，孔传云：“言鬼神不保一人，能诚信者则享其祀。”则“祖考来格”、“享于克诚”皆昭著之义。上言“宗庙致敬”，谓天子尊诸父，先诸兄，致敬祖考，不敢忘其亲也；此言“宗庙致敬”，述天子致敬宗庙，能感鬼神，虽同称“致敬”而各有所属也。旧注以为“事生者易，事死者难，圣人慎之，故重其文”，今不取也。上言“神明”谓天地之神也，此言“鬼神”谓祖考之神。《易》曰：“阴阳不测之谓神。”先儒释云：若就三才相对，则天曰神、地曰祇、人曰鬼。言天道玄远难可测，故曰“神”也；祇者知也，言地去人近，长育可知，故曰“祇”也；鬼者归也，言人生于无，还归于无，故曰“鬼”也，亦谓之“神”。案《五帝德》云黄帝“死而民畏其神百年”是也。上言“神明”，尊天地也；

此言“鬼神”，尊祖考也。

注“能敬”至“不通” 云“能敬宗庙、顺长幼，以极孝悌之心”者，敬宗庙为孝，顺长幼为悌，此极孝悌之心也。云“则至性通于神明，光于四海”者，言至性如此则通于神明，光于四海。

《诗》云：“自西自东，自南自北，无思不服①。”

【注】

①义取德教流行，莫不服义从化也。

【疏】

“诗云”至“不服” 夫子述孝悌之事、应感之美既毕，乃引《大雅·文王有声》之诗以赞美之。自，从也。言从近及远，至于四方皆感德化，无有思而不服之者，以明“无所不通”。《诗》本文云“镐京辟雍，自西自东，自南自北，无思不服”，此则“雍”“东”、“北”“服”对句为韵，而皇侃云：“先言‘西’者，此是周诗，谓化从西起，所以文王为西伯，又为西邻，自西而东灭纣。”恐非其义也。

注“义取”至“化也” 此依郑注也。“德教流行”则“无所不通”，“服义从化”即“无思不服”，言服明王之义，从明王之化也。

事君章第十七

【疏】

此章首言“君子之事上”，又言“进思尽忠，退思补过”，皆是事君之道。孔子曰：“天下有道则见，无道则隐。”前章言明王之德、应感之美，天下从化，无思不服。此君子在朝事君之时也，故以名章，次《应感》之后。

子曰：君子之事上也①，[3]进思尽忠②，退思补过③，将顺其美④，匡救其恶⑤，故上下能相亲也⑥。

【注】

①“上”谓君也。

②进见于君则思尽忠节。

③君有过失则思补益。

④将，行也。君有美善则顺而行之。

⑤匡，正也。救，止也。君有过恶则正而止之。

⑥下以忠事上，上以义接下，君臣同德，故能相亲。

【疏】

“子曰”至“亲也” 此明贤人君子之事君也。言入朝进见，与谋虑国事则思尽其忠节；若退朝而归，常念己之职事则思补君之过失；其于政化，则当顺行君之美道，止正君之过恶。如此则能君臣上下情志通协，能相亲也。经称“君子”有七焉，一曰“君子不贵”，二曰“君子则不然”，三曰“淑人君子”，四曰“君子之教以孝”，五曰“恺悌君子”，已上皆断章，指于圣人君子，谓居君位而子下人也；六曰“君子之事亲孝”及此章“君子之事上”，则皆指于贤人君子也。

注“上谓君也”　此对《论语》云“孝悌而好犯上者鲜矣”，彼“上”谓凡在己上者，此“上”惟指君，故云“‘上’谓君也”。

注“进见”至“忠节”　此依韦注也。《说文》云：“忠，敬也。”尽心曰忠。《字诂》曰“忠，直也”，《论语》曰“臣事君以忠”，则忠者善事君之名也。节，操也。言事君者敬其职事，直其操行，尽其忠诚也。言臣常思尽其节操，能致身授命也。

注“君有”至“补益”　案旧注，韦昭云“退归私室则思补其身过”，以《礼记·少仪》曰“朝廷曰退，燕游曰归”，《左传》引《诗》曰“退食自公”，杜预注：“臣自公门而退入私门无不顺礼。”室犹家也。谓退朝理公事毕而还家之时，则当思虑以补身之过。故《国语》曰“士朝而受业，昼而讲贯，夕而习复，夜而计过，无憾而后即安”，言若有憾则不能安，是思自补也。案《左传》：晋荀林父为楚所败，归请死于晋侯，晋侯许之，士渥浊谏曰：“林父之事君也，进思尽忠，退思补过。”晋侯赦之，使复其位。是其义也，文意正与此同，故注依此传文而释之。今云“君有过失则思补益”，出《制旨》也，义取《诗·大雅·烝民》云“衮职有阙，惟仲山甫补之”，毛传云“有衮冕者，君之上服也。‘仲山甫补之’，善补过也”，郑笺云：“‘衮职’者，不敢斥王言也。王之职有阙，辄能补之者，仲山甫也。”此理为胜，故易旧也。

注“将行”至“行之”　此依王注也。案孔注《尚书·太誓》云“肃将天威”为“敬行天罚”，是“将”训为行也。言君施政教有美则当顺而行之。

注“匡正也救止也”　此依王注也。“匡，正也”，《释言》文也。马融注《论语》云：“救犹止也。”云“君有过恶则正而止之”者，《尚书》云“予违汝弼，汝无面从”是也。

注“下以”至“相亲”　此依魏注也。《书》曰“居上克明，为下克忠”，是其义也。《左传》曰“君义臣行”，如此则“能相亲”也。

《诗》云：“心乎爱矣，遐不谓矣。中心藏之，何日忘之[1]？”

【注】

①遐，远也。义取臣心爱君，虽离左右不谓为远，爱君之志恒藏心中，无日蹔忘也。

【疏】

“诗云”至“忘之”　夫子述事君之道既已，乃引《小雅·隰桑》之诗以结之。言忠臣事君，虽复有时离远，不在君之左右，然其心之爱君，不谓为远，中心常藏事君之道，何日暂忘之。

注“遐远”至“忘也”　云“遐，远也。义取臣心爱君，虽离左右不谓为远”者，“遐，远也”，《释诂》文，此释“心乎爱矣，遐不谓矣”。云“爱君之志恒藏心中，无日蹔忘也”者，释“中心藏之，何日忘之”。案《檀弓》说事君之礼云“左右就养有方”，此则臣之事君有常在左右之义也，若周公出征管叔、蔡叔，召公听讼于甘棠，是离左右也。

【校勘记】

[1]諴和也:“諴”字原作“诚”,阮校:“监本、毛本‘诚’作‘諴’,是也。”今按:疏谓“今定本作‘至诚’,字之误也”,可知疏以“諴”为释,且经传训释未有以“和”释“诚”者,而“諴,和也”乃见于《说文》,则作“諴”是,据改。

[2]光于四海:石台本、岳本“于”作“於”,卷子本“光于”作“充於”,杨守敬云:“乃知以‘充’释‘光’,故改‘于’作‘於’。”今按:阮校谓经之“光”原必作“横”,且云:“郑注《乐记》‘号以立横’、《孔子閒居》‘以横于天下’并云:‘横,充也。’即《尔雅》之‘桄,充也’。”亦可证注之“光”本当作“充”。

[3]君子之事上也:“君”字原作“孝”,阮校:“石台本、唐石经、宋熙宁石刻、岳本、闽本、监本、毛本作‘君’,此本误‘孝’,今改正。”今按:章题疏明言“此章首言‘君子之事上’”,疏下文亦谓“此明贤人君子之事君也”,可知作“君子”是,据改。

卷第九

丧亲章第十八

【疏】

此章首云“孝子之丧亲也”，故章中皆论丧亲之事。丧，亡也、失也。父母之亡没谓之“丧亲”，言孝子亡失其亲也，故以名章，结之于末矣。

子曰：孝子之丧亲也①，哭不偯②，[1]礼无容③，言不文④，服美不安⑤，闻乐不乐⑥，食旨不甘⑦，此哀慼之情也⑧。三日而食，教民无以死伤生，毁不灭性，此圣人之政也⑨。丧不过三年，示民有终也⑩。

【注】

①生事已毕，死事未见，故发此章。

②气竭而息，声不委曲。

③触地无容。

④不为文饰。

⑤不安美饰，故服缞麻。

⑥悲哀在心，故不乐也。

⑦旨，美也。不甘美味，故疏食水饮。

⑧谓上六句。

⑨不食三日，哀毁过情，灭性而死，皆亏孝道，故圣人制礼施

教，不令至于殒灭。

⑩三年之丧，天下达礼，使不肖企及，贤者俯从。夫孝子有终身之忧，圣人以三年为制者，使人知有终竟之限也。

【疏】

“子曰”至“终也” 此夫子述丧亲之义。言孝子之丧亲，哭以气竭而止，不有馀偯之声；举措进退之礼，无趋翔之容；有事应言则言，不为文饰；服美不以为安，闻乐不以为乐，假食美味不以为甘，此上六事皆哀慼之情也。“三日而食”者，圣人设教，无以亲死多日不食伤及生人，虽即毁瘠，不令至于殒灭性命，此圣人所制丧礼之政也。又服丧不过三年，示民有终毕之限也。

注“生事”至“此章” 此依郑注也。“生事”谓上十七章。说生事之礼已毕，其死事经则未见，故又发此章以言也。

注“气竭”至“委曲” 此依郑注也。《礼记·閒传》曰“斩衰之哭，若往而不反；齐衰之哭，若往而反”，此注据斩衰而言之，是气竭而后止息。又曰“大功之哭，三曲而偯”，郑注云：“三曲，一举声而三折也。偯，声馀从容也。”是偯为声馀委曲也。斩衰则不偯，故云“声不委曲”也。

注“触地无容” 此《礼记·问丧》之文也。以其悲哀在心，故形变于外，所以“稽颡，触地无容，哀之至也”。

注“不为文饰” 案《丧服四制》云“三年之丧，君不言”，又云“不言而事行者扶而起，言而后事行者杖而起”，郑玄云：“‘扶而起’谓天子、诸侯也，‘杖而起’谓大夫、士也。”今此经云“言不文”，则是谓臣下也。虽则有言，志在哀慼，不为文饰也。

注“不安”至“缞麻” 案《论语》孔子责宰我，云：“食夫稻，衣夫锦，于汝安乎？”“美饰”谓锦绣之类也，故《礼记·问丧》云“身不安美”是也。孝子丧亲，心如斩截，为其不安美饰，故圣人制礼，令服缞麻。缞，当心麤布，长六寸、广四寸。麻谓腰绖、首绖，俱以麻为之。缞之言摧也，绖之言实也。孝子服之，明其心实摧痛也。韦昭引《书》云“成王既崩，康王冕服即位，既事毕，反丧服”，据此则天子、诸侯但定位初丧，是皆服美，故宜“不安”也。

注“悲哀”至“乐也”　此依郑注也。言至痛中发，悲哀在心，虽闻乐声，不为乐也。

注“旨美”至“水饮”　“旨，美也”，经传常训也。严植之曰：“美食，人之所甘，孝子不以为甘，故《问丧》云‘口不甘味’，是‘不甘美味’也；《閒传》曰‘父母之丧，既殡，食粥；既虞卒哭，疏食水饮，不食菜果’，是‘疏食水饮’也。”韦昭引《曲礼》云“有疾则饮酒食肉”，是为食旨，故宜“不甘”也。

注“不食”至“殒灭”　经云“三日而食，毁不灭性”，注言“不食三日”，即三日不食也。云“哀毁过情”者，是毁瘠过度也。言三日不食及毁瘠过度，因此二者有致危亡，皆亏孝行之道。《礼记·问丧》云“亲始死，伤肾干肝焦肺，水浆不入口三日”，又《閒传》称“斩衰三日不食”，此云“三日而食”者何？刘炫言三日之后乃食，皆谓满三日则食也。云“故圣人制礼施教，不令至于殒灭”者，《曲礼》云“居丧之礼，毁瘠不形”，又曰“不胜丧，乃比于不慈不孝”是也。

注“三年”至“限也”　云“三年之丧，天下达礼”者，此依郑注也。《礼记·三年问》云“夫三年之丧，天下之达丧也”，郑玄云：“‘达’谓自天子至于庶人。”注与彼同，唯改“丧”为“礼”耳。云“使不肖企及，贤者俯从”者，案《丧服四制》曰“此丧之所以三年，贤者不得过，不肖者不得不及”，《檀弓》曰“先王制礼也，过之者俯而就之，不至焉者跂而及之也”，注引彼二文，欲举中为节也。起踵曰企，俛首曰俯。云“夫孝子有终身之忧，圣人以三年为制”者，圣人虽以三年为文，其实二十五月而毕，故《三年问》云“将由夫修饰之君子与？则三年之丧，二十五月而毕，若驷之过隙，然而遂之，则是无穷也。故先王焉为之立中制节，壹使足以成文理则释之矣”是也。《丧服四制》曰“始死，三日不怠，三月不解，期悲哀，三年忧，恩之杀也”，故孔子云：“子生三年，然后免于父母之怀。夫三年之丧，天下之达丧也。”所以丧必三年为制也。

为之棺椁、衣衾而举之①，陈其簠簋而哀感之②，擗踊哭泣，哀以送之③，卜其宅兆而安措之④，为之宗庙以鬼享之⑤，春秋祭祀以时思之⑥。

【注】

①周尸为棺，周棺为椁。“衣”谓敛衣。衾，被也。“举”谓举尸内于棺也。

②簠簋，祭器也。陈奠素器而不见亲，故哀感也。

③男踊女擗，祖载送之。

④宅，墓穴也。兆，茔域也。葬事大，故卜之。

⑤立庙祔祖之后，则以鬼礼享之。

⑥寒暑变移，益用增感，以时祭祀，展其孝思也。

【疏】

“为之”至“思之”　此言送终之礼，及三年之后宗庙祭祀之事也。言孝子送终，须为棺椁、衣衾也，大敛之时则用衾而举尸内于棺中也，陈设簠簋之奠而加哀感，葬则男踊女擗，哭泣哀号以送之。亲既长依丘垄，故卜选宅兆之地而安置之。既葬之后，则为宗庙以鬼神之礼享之，三年之后感念于亲，春秋祭祀以时思之也。

注“周尸”至“棺也”　云“周尸为棺，周棺为椁”者，此依郑注也。《檀弓》称“葬也者藏也，藏也者欲人之弗得见也。是故衣足以饰身，棺周于衣，椁周于棺，土周于椁”，注约彼文，故言“周尸为棺，周棺为椁”也。《白虎通》云：“棺之言完，宜完密也。椁之言廓，谓开廓不使土侵棺也。”《易·系辞》曰：“古之葬者，厚衣之以薪，葬之中野，不封不树，丧期无数，后世圣人易之以棺椁。”案《礼记》云：“有虞氏瓦棺，夏后氏堲周，殷人棺椁，周人墙置翣。”则虞、夏之时，棺椁之初也。云“‘衣’谓敛衣。衾，被也。‘举’谓举尸内于棺也”者，此依孔传也。“衣”谓袭与大、小敛之衣也。“衾”谓单被覆尸，荐尸所用。从初死至大敛凡三度加衣也，一是袭也，谓沐尸竟着衣也，天子十二称、公九称、诸侯七称、大夫五称、士三称，袭皆有袍，袍之上又有衣一通，朝祭之服谓之一称；二是小敛之衣也，天子至士皆十九称，不复用袍，衣皆有絮也；三是大敛也，天子百二十称、公九十称、诸侯七十称、大夫五十称、士三十称，衣皆禪袷也。《丧大记》云“布紟二衾，君、大夫、士一也”，郑玄云：“‘二衾’者，或覆之，或荐之。”是举尸所用也。棺椁之数，贵贱不同。皇侃据《檀弓》以天子之棺四重，谓水兕革棺、杝棺一、梓棺二，最在内者水牛皮，次外兕牛皮，各厚三寸为一重，合厚六寸。又有杝棺，厚四寸，谓之椑棺，言漆之甓甓然。[2]前三物为二重，合一尺。外又有梓棺，厚六寸，谓之属棺，言连属内外，就前四物为三重，合厚一尺六寸。外又有梓棺，厚八寸，谓之大棺，言其最大，在众棺之外，就前五物为四重，合厚二尺四寸也。上公去水牛皮，则三重，合厚二尺一寸也。侯、伯、子、男又去兕牛皮，则二重，合厚一尺八寸。上大夫又去椑棺，一重，合厚一尺四寸。下大夫亦一重，但属棺四寸、大棺六寸，合厚一尺。士不重，无属棺，唯大棺六寸。庶人则棺四寸。案《檀弓》云“柏椁以端，长六尺”，又《丧大记》曰“君松椁，大夫柏椁，士杂木椁”是也。

注“簠簋”至“慼也”　云“簠簋，祭器也”者，《周礼》舍人职云“凡祭祀供簠簋，实之陈之”，是簠簋为祭器也，故郑玄云：“方曰簠，圆曰簋，盛黍稷稻粱器。”云“陈奠素器而不见亲，故哀慼也”者，《下檀弓》云：“奠以素器，以生者有哀素之心也。”又案陈簠簋在“衣衾”之下、“哀以送之”上，旧说以为大敛祭时不见亲，故哀慼也。

注“男踊”至“送之” 案《问丧》云：“在床曰尸，在棺曰柩。动尸举柩，哭踊无数。恻怛之心，痛疾之意，悲哀志懑气盛，故袒而踊之。妇人不宜袒，故发胸、击心、爵踊，殷殷田田，如坏墙然。”则是女质不宜极踊，故以“擗”言之。据此女既有踊，则男亦有擗，是互文也。云“祖载送之”者，案《既夕礼》柩车迁祖，质明设迁祖奠，日侧彻之，乃载，郑注云：“乃举柩郤下而载之。”又云商祝饰柩及陈器讫，乃祖，注云：“还柩乡外，为行始。”又《檀弓》云“曾子吊于负夏，主人既祖”，郑云：“‘祖’谓移柩车去载处，为行始。”然则祖，始也。以生人将行而饮酒曰“祖”，故柩车既载而设奠谓之“祖奠”，是“祖载送之”之义也。

注“宅墓”至“卜之” 云“宅，墓穴也。兆，茔域也”者，此依孔传也。案《士丧礼》“筮宅”，郑云：“宅，葬居也。”《诗》云“临其穴，惴惴其栗”，郑云：“‘穴’谓冢圹中也。”故云“宅，墓穴也”。案《周礼》“冢人掌公墓之地，辨其兆域”，则“兆”是莹域也。云“葬事大，故卜之”者，此依郑注也。孔安国云“恐其下有伏石涌水泉，后为市朝之地，故卜之”是也。

注“立庙”至“享之” “立庙”者，即《礼记·祭法》天子至士皆有宗庙，云：“王立七庙，曰考庙、曰王考庙、曰皇考庙、曰显考庙、曰祖考庙，皆月祭之。远庙为祧，有二祧，享尝乃止。诸侯立五庙，曰考庙、曰王考庙、曰皇考庙，皆月祭之。显考庙、祖考庙，享尝乃止。大夫立三庙，曰考庙、曰王考庙、曰皇考庙，享尝乃止。适士二庙，曰考庙、曰王考庙，享尝乃止。官师一庙，曰考庙。庶人无庙。”斯则立宗庙者，为能终于事亲也。旧解云：宗，尊也；庙，貌也。言祭宗庙，见先祖之尊貌也，故《祭义》曰“祭之日，入室，僾然必有见乎其位；周还出户，肃然必有闻乎其容声；出户而听，忾然必有闻乎其叹息之声”是也。“祔祖”谓以亡者之神祔之于祖也。《檀弓》曰：“卒哭曰‘成事’。是日也，以吉祭易丧祭。明日，祔于祖父。”则是卒哭之明日而祔，未卒哭之前皆丧祭也，既祔之后则以鬼礼享之。然“宗庙”谓士以上，则“春秋祭祀”兼于庶人也。

注“寒暑”至“思也”　案《祭义》云：“霜露既降，君子履之必有凄怆之心，非其寒之谓也；春，雨露既濡，君子履之必有怵惕之心，如将见之。”是也。

生事爱敬，死事哀戚，生民之本尽矣，死生之义备矣，孝子之事亲终矣①。

【注】

①“爱敬”、“哀慼”，孝行之始终也。备陈死生之义，以尽孝子之情。

【疏】

“生事”至“终矣”　此合结生死之义。言亲生则孝子事之，尽于爱敬；亲死则孝子事之，尽于哀戚。生民之宗本尽矣，死生之义理备矣，孝子之事亲终矣。言十八章具载有此义。

注“爱敬”至“之情”　云“‘爱敬’、‘哀慼’，孝行之始终也”者，“爱敬”是孝行之始也，“哀慼”是孝行之终也。云“备陈死生之义，以尽孝子之情”者，言孝子之情无所不尽也。

【校勘记】

［1］哭不偯：古文石刻本同，《释文》："俗作'哀'，非，《说文》作'悠'，云'痛声也'，音同。"阮校引臧镛堂说谓："《说文》无'偯'字，依、偯形声皆相近，故误。'哀'为'偯'之改，'偯'为'依'之讹矣。"阮福云："《说文》虽无'偯'字，然'偯'字见于经传不止此一处，《说文》所引《孝经》当是卫宏传许慎之真古文《孝经》。此'偯'字臧氏镛堂谓为'依'之讹，亦非也。盖'偯'实有其字，所以《礼记》曾两见，非独见于《孝经》。"福说是。

［2］言漆之甓甓然："甓甓"原作"椑椑"，阮校："监本、毛本作'甓甓'。"今按：《礼记·檀弓上》之《正义》谓"椑，杝棺也，漆之坚强甓甓然也"，则作"甓甓"是，据改。

附　录

御注孝经序[1]

左散骑常侍兼丽正殿修国史上柱国武强县开国公臣元行冲奉敕撰

大唐受命百有四年，皇帝君临之十载也。赫矣皇业，康哉帝道；万方宅心，四隩来塈。握黄炎尧禹之契，钦日月星辰之序。提衡而运阴阳，法繇而张礼乐。车服必轨，声明偕度，所以振国容焉；仪宿赋班，详韬授律，所以清邦禁焉。配圆穹而比崇，帀环海而方大。无文咸秩，能事斯毕。惟德是经，惟刑之恤。笙镛穆颂，鳞羽晖祯。申耕籍以劝农，饰胶庠而训胄。优劳庶绩，缉熙睿图。听政之馀，从容文史。缇缃缂竹，岳仞铜龙之殿；舒向严枚，云骧金马之闼。或散志篇述，或留情坟诰。以为孝者德之本，教之所由生。夫子谈经，文该旨赜；诸家所说，理蔼词繁。爰命近臣，畴咨儒学。搜章摘句，究本寻源。炼康成、安国之言，铨王肃、韦昭之训。近贤新注，咸入讨论；分别异同，比量疏密。总编呈进，取正天心；每伺休间，必亲披校。涤除氛荟，搴摭菁华。寸长无遗，片善必举。或削以存要，或足以圆文。其有义疑两存，理翳千古，常情所昧，玄鉴斯通，则独运神襟，躬垂笔削，发明幽远，剖析毫牦。目牛无全，示掌非著；累叶坚滞，一朝冰释。乃勅宰臣曰："朕以《孝经》德教之本也，自昔铨解，其徒实繁，竟不能核其宗、明其奥，观斯芜漫，诚亦病诸。顷与侍臣参详厥理，为之训注，冀阐微言，宜集学士、儒官佥议可否。"

[1] 本篇据《古逸丛书》影刊《覆卷子本唐开元御注孝经》所载整理，文中个别讹字以径改方式处理。

于是左散骑常侍崇文馆学士刘子玄、国子司业李元瓘、著作郎弘文馆学士胡皓、国子博士弘文馆学士司马贞、左拾遗太子侍读潘元祚、前赞善大夫鄂王侍读魏处凤、太学博士郯王侍读郄享、太学博士陕王侍读徐英哲、前千牛长史鄄王侍读郭谦光、国子助教鄫王侍读范行恭，及诸学官等，并鸿都硕德，当代名儒，咸集庙堂，恭寻圣义。捧对吟咀，探细反复，至于再至三，动色相欢，昌言称美，曰："大义堙欝垂七百年，皇上识洞玄枢，情融系表，革前儒必固之失，道先王至要之源。守章疏之常谈，谓穷涯涘；覩蓬瀛之奥理，方谕高深。伏请颁传，希新耳目。"侍中安阳县男源乾曜、中书令河东县男张嘉贞等奏曰："天文昭焕，洞合幽微，望即施行，伫光来叶。其序及疏并委行冲修撰。"制曰："可。"伏以经言简约，妙理精深，贵贱同珍，贤愚共习，故得上施黉塾，远被苍垠。至若象尼丘山，坏孔子宅，美曾参至孝之性，陈宣父述作之由。汉、魏相沿，曾无异说；比经斟讨，略不为疑。凡诸发挥，序所作意，意既先见，今则不书。微臣朽老，猥职坟籀，思涂艰窒，才力昏无，震光曲临，推谢理绝。晞大明而挹耀，顾霄烛而知惭。勉课庸音，式遵明制。敢题经旨，永赞鸿徽云尔。

孝经正义序[1]

《孝经》者，百行之宗，五教之要。自昔孔子述作，垂范将来，奥旨微言已备解乎注疏，尚以辞高旨远，后学难尽诗论。今特剪截元疏，旁引诸书，分义错经，会合归趣，一依讲说，次第解释，号之为讲义也。

翰林侍讲学士朝请大夫守国子祭酒上柱国赐紫金鱼袋臣邢昺等奉勅校定注疏。

[1] 此篇据泰定本卷首《孝经注疏序》前半篇整理。泰定本此文末之题名与另行起之“成都府学主乡贡傅注奉右撰”之间不空行，而闽本则空一行，明“成都府学主乡贡傅注奉右撰”当属下半篇也。汲古阁本将两篇分开，各冠“孝经注疏序”之题，殿本及阮福《孝经义疏补》因之，惟汲古阁本置题名于篇末，而殿本、《义疏补》则移置篇名次行。按此文当为邢昺等新定《孝经正义》时所作，名为“孝经注疏序”不妥，故改题焉。

重刊孝经注序[1]

成都府学主乡贡傅注奉右撰

夫《孝经》者，孔子之所述作也。述作之旨者，昔圣人蕴大圣德，生不偶时，适值周室衰微，王纲失坠，君臣僭乱，礼乐崩颓，居上位者赏罚不行，居下位者褒贬无作。孔子遂乃定礼乐，删《诗》、《书》，赞《易》道以明道德仁义之源，修《春秋》以正君臣、父子之法。又虑虽知其法，未知其行，遂说《孝经》一十八章，以明君臣、父子之行所寄。知其法者修其行，知其行者谨其法，故《孝经纬》曰："孔子云：'欲观我褒贬诸侯之志在《春秋》，崇人伦之行在《孝经》。'"是知《孝经》虽居六籍之外，乃与《春秋》为表矣。先儒或云夫子为曾参所说，此未尽其指归也。盖曾子在七十弟子中孝行最著，孔子乃假立曾子为请益问答之人，以广明孝道，既说之后乃属与曾子。洎遭暴秦焚书，并为煨烬，汉膺天命，复阐微言，《孝经》河间颜芝所藏，因始传之于世。自西汉及魏，历晋、宋、齐、梁，注解之者迨及百家。至有唐之初，虽备存秘府，而简编多有残缺，传行者唯孔安国、郑康成两家之注，并有梁博士皇侃《义疏》播于国序。然辞多纰缪，理昧精研。至唐玄宗朝，乃诏群儒学官，俾共集议，是以刘子玄辨郑注有十谬七惑，司马坚斥孔注多鄙俚不经，其馀诸家注解皆荣华其言，妄生穿凿。明皇遂于先儒注中采摭菁英，芟去烦乱，撮其义理允当者，用为注解。至天宝二年注成，颁行天

[1] 此篇据泰定本卷首《孝经注疏序》后半篇整理。汲古阁本、殿本及阮福《孝经义疏补》将此篇分出，仍弁以"孝经注疏序"之题。今按：分出诚是，篇名仍旧则非。细读此篇，叙述至玄宗御注《孝经》止，不及宋初新定《正义》，且撰序者身份不侔，显非当时所作。朱彝尊《经义考》卷二二四将此序著录为"孙奭序"，并加按称"孙奭序或作'成都府学主乡贡傅注奉右撰'"，不知何据。盖此篇为宋初蜀地重刻玄宗《孝经注》之序（文中"司马贞"作"司马坚"，乃避仁宗讳改字），南宋合刻注疏时将此本与《正义》单疏本合并，故存其序于卷首耳。今据此改题篇名。

下，仍自八分御札，勒于石碑，即今京兆石台《孝经》是也。

四库提要[1]

孝经正义三卷内府藏本

唐玄宗明皇帝御注，宋邢昺疏。案《唐会要》：开元十年六月上注《孝经》，颁天下及国子学；天宝二年二月上重注，亦颁天下。《旧唐书·经籍志》：《孝经》一卷，玄宗注。《唐书·艺文志》：《今上孝经制旨》一卷，注曰玄宗。其称“制旨”者，犹梁武帝《中庸义》之称“制旨”，实一书也。赵明诚《金石录》载明皇注《孝经》四卷，陈振孙《书录解题》亦称家有此刻，为四大轴。盖天宝四载九月以御注刻石于太学，谓之“石台《孝经》”，今尚存西安府学中，为碑凡四，故拓本称四卷耳。玄宗御制序末称“一章之中凡有数句，一句之内义有兼明，具载则文繁，略之则义阙，今存于疏，用广发挥”，《唐书·元行冲传》称“玄宗自注《孝经》，诏行冲为疏，立于学官”，《唐会要》又载天宝五载诏“《孝经》书疏虽粗发明，未能该备，今更敷畅以广阙文，令集贤院写颁中外”，是注凡再修，疏亦再修。其疏，《唐志》作二卷，《宋志》则作三卷，殆续增一卷欤？宋咸平中邢昺所修之疏，即据行冲书为蓝本，然孰为旧文，孰为新说，今已不可辨别矣。《孝经》有今文、古文二本，今文称郑玄注，其说传自荀昶，而《郑志》不载其名。古文称孔安国注，其书出自刘炫，而《隋书》已言其伪。至唐开元七年三月诏令群儒质定，右庶子刘知几主古文，立十二验以驳郑；国子祭酒司马贞主今文，摘《闺门章》文句凡鄙，《庶人章》割制旧文，妄加“子曰”字，及句中“脱衣就功”诸语以驳孔，其文具载《唐会要》中。厥后今文行而

[1] 此篇据影印本《文渊阁四库全书》附印刊本《四库全书总目》卷三二整理。按：提要著录“《孝经正义》三卷”者非单疏本，即《注疏》九卷本也，文渊阁钞本书名作“孝经注疏”，为九卷，而钞录之提要仍作“《孝经正义》三卷”，未予更正，盖官书之疏漏通病也。又按：提要谓《制旨》与御注“实一书也”大误，阮福（《孝经义疏补》卷首）、胡玉缙（《四库全书总目提要补正》卷七）、余嘉锡（《四库提要辨证》卷一）等皆力辟其非。

古文废，元熊禾作董鼎《孝经大义》序遂谓贞去《闺门》一章，“卒启玄宗无礼无度之祸”。明孙本作《孝经辨疑》并谓唐宫闱不肃，贞削《闺门》一章乃为国讳。夫削《闺门》一章遂启幸蜀之衅，使当时行用古文，果无天宝之乱乎？唐宫闱不肃诚有之，至于《闺门章》二十四字则绝与武、韦不相涉，指为避讳，不知所避何讳也？况知几与贞两议并上，《会要》载当时之诏乃“郑依旧行用”，孔注“传习者稀”，亦“存继绝之典”，是未因知几而废郑，亦未因贞而废孔。迨时阅三年，乃有御注太学刻石，署名者三十六人，贞不预列。御注既行，孔、郑两家遂并废，亦未闻贞更建议废孔也。禾等徒以朱子《刊误》偶用古文，遂以不用古文为大罪，又不能知唐时典故，徒闻《中兴书目》有“议者排毁，古文遂废”之语，遂沿其误说，愦愦然归罪于贞，不知以注而论，则孔佚郑亦佚，孔佚罪贞，郑佚又罪谁乎？以经而论，则郑存孔亦存，古文并未因贞一议亡也，贞又何罪焉？今详考源流，明今文之立，自玄宗此注始；玄宗此注之立，自宋诏邢昺等修此疏始。众说喧呶，皆揣摩影响之谈，置之不论不议可矣。

孝经注疏校勘记序[1]

《孝经》有古文、有今文，有郑注、有孔注。孔注今不传，近出于日本国者诞妄不可据，要之，孔注即存，不过如《尚书》之伪传，决非真也。郑注之伪，唐刘知几辨之甚详，而其书久不存，近日本国又撰一本流入中国，此伪中之伪，尤不可据者。《孝经》注之立于学官者，系唐玄宗御注，唐以前诸儒之说，因藉捃摭以仅存，而当时元行冲《义疏》经宋邢昺删改，亦尚未失其真，学者舍是固无由窥《孝经》之门径也。惟其讹字实繁，元旧有校本，因更属钱塘监生严杰旁披各本，并《文苑英华》、《唐会要》诸书，或雠或校，务求其是，元复亲酌定之，为《孝经校勘记》三卷、《释文校勘记》一卷。阮元记。

引据各本目录

唐石台《孝经》四轴 顾炎武《金石文字记》云："石刻《孝经》今在西安府儒学前，第二行题曰'御制序并注及书'，其下小字曰'皇太子臣亨奉勅题额'，后有天宝四载九月一日银青光禄大夫国子祭酒上柱国臣李齐古上表，及玄宗御批大字草书三十八字，其下有特进行尚书左仆射兼右相吏部尚书集贤院学士修国史上柱国晋国公臣林甫等四十五人，惟林甫以左仆射不书姓。经序注俱八分书，其额曰'大唐开元天宝圣文神武皇帝注《孝经》台'，中间人名下搀入'丁酉岁八月廿六日纪'九字，是后人所添，是岁乙酉非丁酉也。又末二行官衔下不书臣，亦可疑。"

唐石经《孝经》一卷

宋熙宁石刻《孝经》一卷 是本张南轩所书。不分章，每行

[1] 此篇据中华书局影印阮元校刻本《十三经注疏》整理。

十一字，末题“熙宁壬子八月壬寅书付侄慥收，时寓□阝之废寺，居东齐。南轩题”。

南宋相台本《孝经》一卷　宋岳珂刊。每半叶八行，行十七字，注文双行，附音释，卷末有木刻亚形篆书“相台岳氏刻梓荆溪家塾”印。

正德本《孝经注疏》九卷　是本刊于明正德六年。每半叶十行，行十七字，注疏每格双行，行廿三字。经文下载注不标“注”字，《正义》冠大“疏”字于上，每叶之末上题篇识，皆元泰定间刊本旧式。错字甚多，今校《正义》无别本可据，记中所称“此本”者即据此刻而言。

闵本《孝经注疏》九卷　明嘉靖闽中御史李元阳刻。分卷同正德本，每半叶九行，每章首行廿一字，馀低一格，每行二十字，注同《正义》双行，每行亦二十字，详《春秋左传注疏校勘记》。[1]

重修监本《孝经注疏》九卷　明万历十四年刊。分卷同正德本，详《春秋左传注疏校勘记》。[2]

毛本《孝经注疏》九卷　明崇祯己巳常熟汲古阁毛晋刊。分卷同正德本，详《春秋左传注疏校勘记》。[3]

【校勘记】

[1]《春秋左传注疏校勘记》中有关内容如下：“以注文改作中号字冠‘注’字于上始于李氏，非宋板旧式。其佳处多与附释音本相合，有监本、毛本脱错而此本不误，较监、毛为优云。”

[2]《春秋左传注疏校勘记》中有关内容如下：“讹字较原本为多，记中所引凡与原本同者则总称‘监本’，其异者则称‘重修监本’。”

[3]《春秋左传注疏校勘记》中有关内容如下：“此本世所通行，而亥豕之讹触处有之。”

國學典藏

《国学典藏》丛书已出书目

周易［明］来知德 集注
诗经［宋］朱熹 集传
尚书 曾运乾 注
周礼［清］方苞 集注
仪礼［汉］郑玄 注［清］张尔岐 句读
礼记［元］陈澔 注
论语·大学·中庸［宋］朱熹 集注
孟子［宋］朱熹 集注
左传［战国］左丘明 著［晋］杜预 注
孝经［唐］李隆基 注［宋］邢昺 疏
尔雅［晋］郭璞 注
说文解字［汉］许慎 撰
战国策［汉］刘向 辑录
［宋］鲍彪 注［元］吴师道 校注
国语［战国］左丘明 著
［三国吴］韦昭 注
史记菁华录［汉］司马迁 著
［清］姚苎田 节评
徐霞客游记［明］徐弘祖 著
孔子家语［三国魏］王肃 注
（日）太宰纯 增注
荀子［战国］荀况 著［唐］杨倞 注
近思录［宋］朱熹 吕祖谦 编
［宋］叶采［清］茅星来 等注
传习录［明］王阳明 撰
（日）佐藤一斋 注评
老子［汉］河上公 注［汉］严遵 指归
［三国魏］王弼 注
庄子［清］王先谦 集解
列子［晋］张湛 注［唐］卢重玄 解
［唐］殷敬顺［宋］陈景元 释文
孙子［春秋］孙武 著［汉］曹操 等注
墨子［清］毕沅 校注
韩非子［清］王先慎 集解
吕氏春秋［汉］高诱 注［清］毕沅 校
管子［唐］房玄龄 注［明］刘绩 补注
淮南子［汉］刘安 著［汉］许慎 注
金刚经［后秦］鸠摩罗什 译 丁福保 笺注
楞伽经［南朝宋］求那跋陀罗 译
［宋］释正受 集注
坛经［唐］惠能 著 丁福保 笺注
世说新语［南朝宋］刘义庆 著
［南朝梁］刘孝标 注
山海经［晋］郭璞 注［清］郝懿行 笺疏
颜氏家训［北齐］颜之推 著
［清］赵曦明 注［清］卢文弨 补注
三字经·百家姓·千字文
［宋］王应麟等 著
龙文鞭影［明］萧良有等 编撰
幼学故事琼林［明］程登吉 原编
［清］邹圣脉 增补
梦溪笔谈［宋］沈括 著
容斋随笔［宋］洪迈 著
困学纪闻［宋］王应麟 著
［清］阎若璩 等注
楚辞［汉］刘向 辑
［汉］王逸 注［宋］洪兴祖 补注
曹植集［三国魏］曹植 著
［清］朱绪曾 考异［清］丁晏 铨评
陶渊明全集［晋］陶渊明 著
［清］陶澍 集注
王维诗集［唐］王维 著［清］赵殿成 笺注

杜甫诗集［唐］杜甫 著
［清］钱谦益 笺注
李贺诗集［唐］李贺 著 ［清］王琦等 评注
李商隐诗集［唐］李商隐 著
［清］朱鹤龄 笺注
杜牧诗集［唐］杜牧 著［清］冯集梧 注
李煜词集（附李璟词集、冯延巳词集）
［南唐］李煜 著
柳永词集［宋］柳永 著
晏殊词集·晏幾道词集
［宋］晏殊 晏幾道 著
苏轼词集［宋］苏轼 著［宋］傅幹 注
黄庭坚词集·秦观词集
［宋］黄庭坚 著［宋］秦观 著
李清照诗词集［宋］李清照 著
辛弃疾词集［宋］辛弃疾 著
纳兰性德词集［清］纳兰性德 著
六朝文絜［清］许梿 评选
［清］黎经诰 笺注
古文辞类纂［清］姚鼐 纂集
玉台新咏［南朝陈］徐陵 编
［清］吴兆宜 注［清］程琰 删补
古诗源 ［清］沈德潜 选评
乐府诗集［宋］郭茂倩 编撰
千家诗 ［宋］谢枋得 编
［清］王相 注 ［清］黎恂 注

花间集 ［后蜀］赵崇祚 集
［明］汤显祖 评
绝妙好词［宋］周密 选辑；
［清］项絪 笺；［清］查为仁 厉鹗 笺
词综［清］朱彝尊 汪森 编
花庵词选［宋］黄昇 选编
阳春白雪［元］杨朝英 选编
唐宋八大家文钞［清］张伯行 选编
宋诗精华录［清］陈衍 评选
古文观止［清］吴楚材 吴调侯 选注
唐诗三百首［清］蘅塘退士 编选
［清］陈婉俊 补注
宋词三百首［清］朱祖谋 编选
文心雕龙［南朝梁］刘勰 著
［清］黄叔琳 注 纪昀 评
李详 补注 刘咸炘 阐说
诗品［南朝梁］锺嵘 著
古直 笺 许文雨 讲疏
人间词话·王国维词集 王国维 著
西厢记［元］王实甫 著
［清］金圣叹 评点
牡丹亭［明］汤显祖 著
［清］陈同 谈则 钱宜 合评
长生殿［清］洪昇 著［清］吴人 评点
桃花扇［清］孔尚任 著
［清］云亭山人 评点

部分将出书目
（敬请关注）

公羊传	三国志	心经	白居易诗集
穀梁传	水经注	文选	唐诗别裁集
史记	史通	古诗笺	明诗别裁集
汉书	日知录	李白全集	清诗别裁集
后汉书	文史通义	孟浩然诗集	博物志